FRIEDEL BERNHARDT
ARMIN KÜHNE

Wachteln

2., erweiterte Auflage

79 Fotos
26 Zeichnungen

Ulmer

Inhalt

Vorwort

In den vergangenen Jahren wurden wir von vielen Wachtelfreunden wiederholt darum gebeten, doch unsere Erfahrungen in kompakter Form als Buch allen, die an der Wachtelzucht Interesse haben, zur Verfügung zu stellen. Wir haben lange gezögert, denn für den einfachen Hobbyzüchter ist ein solcher Schritt in die Öffentlichkeit fast nicht vorstellbar und deshalb ein großes Wagnis. Es bedurfte vieler Ermutigungen und allen Mutes, den wir aufbringen konnten, um uns auf diese Sache einzulassen. Wir erheben nicht den Anspruch, alle Dinge umfassend und wissenschaftlich abgesichert behandelt zu haben. Auch beschränken wir uns auf die Chinesische Zwergwachtel, die Japanische Legewachtel, die Straußwachtel und einige weitere verbreitete Zierwachtelarten.

Wir verzichten bewusst auf die Wiederholung von Informationen, die aus anderen Fachbüchern schon bekannt sind. Erstrangig wollen wir unsere Beobachtungen und Erfahrungen aus der eigenen Zuchtpraxis an alle interessierten Wachtelfreunde weitergeben. Der Neuling kann so auf bewährte Dinge zugreifen und muss nicht die Fehler wiederholen, die andere Züchter vor ihm gemacht haben. Aber auch dem erfahrenen Züchter können wir etwas bieten.

All jenen Lesern, die nicht selber Wachteln halten wollen oder können, soll dieses Buch mit den zahlreichen Bildern ebenfalls viel Freude bereiten. Vielleicht lernt mancher Leser wieder ganz neu über die Größe, die Vielfalt und die Schönheit der Schöpfung zu staunen und nachzudenken. Wenn er dann noch den Schöpfer dafür preisen kann, dann hat das Buch seinen höchsten Zweck erfüllt.

In unserer Zeit geht der unmittelbare Kontakt zur Natur immer mehr verloren. Fernseher und PC/Internet zeigen fast alles in hoher Bildqualität, können aber den direkten Bezug zu einem lebendigen Wesen nicht ersetzen. So werden beispielsweise in der praktischen Vogelpflege weit mehr Sinne des Menschen gleichzeitig angesprochen als vor dem Bildschirm, wo das Riechen und Fühlen nicht möglich ist. Dieses Vakuum wird gerade von vielen Jugendlichen empfunden und sie entdecken ihre Freude zum Beispiel an der Wachtelzucht. Weil sie aber die finanziellen Mittel für teure Anlagen nicht besitzen, geben wir viele Tipps, wie man vieles in Eigenleistung herstellen kann, denn der Zuchterfolg ist nicht abhängig vom finanziellen Wert einer Zuchtanlage.

Die Gartenvoliere mit integriertem Schutzraum bringt Leben in den Garten. Den oberen Teil bevölkern Wellensittiche, Schildsittiche, Kanarienvögel, Reisfinken, Diamanttäubchen und Zebrafinken. Den Bodenbereich bewohnen Straußwachteln, Chinesische Zwergwachteln und Japanische Legewachteln.

Durch die praktische Beschäftigung mit den Wachteln, dies gilt auch für die Haltung und Pflege aller anderen Tiere, erlernen die jungen Leute wieder auf ganz natürliche Weise die alten Menschentugenden wie Verantwortung, Selbstdisziplin, Zuverlässigkeit, Anteilnahme und Mitgefühl. Für die Mühe, Arbeit, alle Einschränkungen, aber auch Zuwendungen werden sie reichlich durch die Zutraulichkeit der gefiederten Freunde entschädigt. Das unmittelbare Miterleben von Balz, Paarung, Nestbau, Eiablage, Brut, Kükenschlupf und -aufzucht, das fröhliche Treiben der Jungen, ihre arttypische Laut- und Körpersprache und das bunte Gefieder lassen den Wachtelhalter und Züchter immer wieder aufs Neue staunen.

Wir wünschen allen Wachtelfreunden viel Weisheit bei der Auswahl der richtigen Wachtelart, eine gute Hand bei der Haltung und Pflege und viel Erfolg bei der Zucht.

Lahnau und Waldheim, im Frühjahr 2011
Friedel Bernhardt und Armin Kühne

Wachteln als Ziergeflügel halten

Rechte Seite: Virginiawachtel Hahn (*Colinus virginianus*). Er liebt erhöhte Standorte, um sein Revier zu überwachen.

Die Ziergeflügelhaltung begann wohl schon im 17. Jahrhundert und beschränkte sich am Anfang darauf, Blickfang meist in Schlossgärten, Parks oder Volieren der Aristokratie zu sein. Später wurden die Vögel populärer und auch botanische Gärten und Zoos hielten Ziergeflügel, um ihre Anlagen attraktiver zu gestalten. Schließlich nahmen sich auch Hobbyzüchter des Ziergeflügels an und züchteten neue, prächtigere Rassen.

Wenn der Begriff Ziergeflügel genannt wird, dann denken die meisten Menschen an die bunte Vogelschar, Wasservögel wie Enten, Gänse und Schwäne sowie an die verschiedenen Hühnerrassen. Irgendwo hat man diese Tiere schon selbst gesehen oder in Zeitschriften und Büchern darüber gelesen. Wachteln kannten bis vor etwa 30 Jahren noch viele Menschen von der biblischen Geschichte, die sie im Kindergottesdienst gehört hatten (nachzulesen in der Bibel bei 2. Mose 16, 12–13). Heute ist diese Geschichte weitgehend unbekannt. Weil nur sehr wenige Menschen Wachteln in der Natur oder im Zoo gesehen haben und es auch kaum Literatur gibt, sind sie als Ziergeflügel nur wenig bekannt. Diese Lücke zu

Vorüberlegungen

Die Minihühnchen, wie die verschiedenen Wachtelarten auch liebevoll genannt werden, erfreuen sich immer größerer Beliebtheit. Doch bevor man sich Wachteln zulegt, sollte man folgende Dinge beachten und klären:

- Wozu will ich die Wachteln halten? Als Zier- oder als Nutzgeflügel?
- Wie viel Platz steht mir zur Verfügung? Reicht er für eine Voliere, ein kleineres Gehege oder gar nur einen Käfig?
- Wie viele Wachteln kann ich unterbringen? Die artgerechte Haltung muss sichergestellt sein, dies bestimmt die Anzahl der Tiere.
- Wie empfindlich sind meine Mitbewohner und die Nachbarschaft auf „natürliche“ Geräuschbelästigung? Wachtelhähne rufen beispielsweise in der Dämmerung. Ihre Schreie sind sehr unterschiedlich in Klang und Lautstärke. Die Nachbarn vorher also besser fragen.
- Habe ich genug Zeit, um die Wachteln zu pflegen? Anfallende Arbeiten sind Füttern, Ausgestaltung der Voliere, Reinigung der Voliere oder des Käfigs und der Futter- und Trinknäpfe.
- Woher bekomme ich das nötige Futter? Man braucht Körner-, Weich- und Grünfutter, Mineralien und ab und zu auch Lebendfutter (z. B. Mehlwürmer).
- Wie verhalten sich die jeweiligen Wachtelarten? Dies ist wichtig für die richtige Gestaltung und Einrichtung der Voliere, des Geheges oder des Käfigs.
- Welche Bedingungen müssen geschaffen werden, damit sich die Wachteln auch ganzjährig wohlfühlen? Dabei an Wind und Regen, Hitze und Kälte und die Lichtverhältnisse denken.

Erst wenn man sich über diese Grundlagen ausreichend informiert hat, ist man in der Lage, eine fundierte Entscheidung zu treffen. So werden Misserfolge in der Haltung und Zucht und Ärger mit den Mitbewohnern und Nachbarn vermieden.

Kleine, einfache Wachtel-Gartenvoliere Marke Eigenbau.
Drei Seiten sind geschlossen, nur die Front ist offen.

Bauanleitung

Steht der Platz für die Gartenvoliere fest, wird der Boden einen Spatenstich tief ausgegraben. Dann legt man die Grube mit einem verzinkten Maschendrahtgewebe mit einer Maschenweite von ca. 12,5 mm aus. So wird verhindert, dass Mäuse von unten eindringen können.

- Aus imprägnierten Schalungsbrettern ca. 24 × 200 mm fertigt man einen Rahmen an, Länge und Breite sollten gemäß der Bodengrube gewählt werden. In die vier Innenecken werden imprägnierte Dachlattenstücke so befestigt, dass diese nach oben 5 cm und nach unten etwa 20 cm über die Rahmenhöhe überstehen.
  Der Rahmen wird in die vorbereitete Grube gesetzt und die überstehenden Dachlatten an den vier Ecken in den Boden versenkt. Nun kann die Bodengrube wieder mit Erde und Sand aufgefüllt werden.
- Auf diesen Unterbau wird dann die Voliere gesetzt und an den überstehenden Dachlatten angeschraubt. So steht sie fest und kann nicht umgestoßen werden.
- Natürlich lässt sich eine Voliere auch massiv aus Beton, Mauerwerk und Stahl- oder als Alu-Konstruktion bauen.

Für den Anfänger genügt aber durchaus zunächst die einfache Holzkonstruktion.

- Die Voliere sollte nur an einer Seite offen und nur mit Maschendraht versehen sein. Die drei durch Holz- oder Verkleidung mit anderen Materialien vollständig geschlossenen Seiten bieten Schutz vor Zugluft und Störungen. Nach oben sollte die Voliere mit einem glatten Abschluss aus Brettern oder Spanplatten versehen werden, damit sich die Wachteln nicht so leicht verletzen können, wenn sie hochfliegen.

füllen, ist ein Ziel dieses Buches. Lernen Sie die lustige Wachtelschar kennen, sie soll nicht länger unbekannt bleiben, denn sie hat es verdient, be- und geachtet zu werden.

Bau einer einfachen Gartenvoliere

Für die Unterbringung der Wachteln eignet sich eine kleine Gartenvoliere. Sie sollte teilweise von der Sonne beschienen werden und kann gut zwischen oder hinter Buschwerk im Halbschatten angeordnet werden. So wird Mutters Gartenfläche kaum beschnitten.

Ausgestaltung

Wenn beim Bau der Voliere alle Bedürfnisse der Wachteln berücksichtigt wurden, stellt sich auch der Zuchterfolg von selbst ein. Ausgestattet wird die Voliere deshalb entsprechend der **Bedürfnisse der Zwergwachteln:**

- Sie verstecken sich gerne im Gestrüpp, deshalb sind Grasbüschel, Farnkraut, Sträucher, Heide und beispielsweise Fichtenzweige, die in der Voliere angeordnet werden, wichtig.

Bauanleitung (Fortsetzung)

Gehegedraht mit kleiner Maschenweite hält die Mäuse draußen.

- Ein wasserdichtes Dach mit Gefälle aus Plexi-Wellplatten, Bitumen-Wellplatten oder einfach Dachpappeschweißbahn schützt die ganze Anlage vor Regen und Schnee. Die Maschenweite des Drahtes an der offenen und bei zu öffnenden Seitenwänden der Voliere oder des Geheges muss so gewählt sein, dass Mäuse draußen gehalten werden. Sonst füttert der Wachtelhalter bald mehr von ihnen als Wachteln. Die Erfahrung hat gezeigt, dass die Maschenweite nicht größer als 12,5 mm sein sollte und selbst dort zwängen sich noch kleinere Mäuse hindurch.

- Sie scharren gerne im Boden, füllen Sie also einen Teil des Bodens mit lockerer Walderde auf.
- Wachteln baden gerne im Sand, eine flache Kiste mit Vogelsand gibt ihnen die Gelegenheit dazu.
- Sie sitzen gerne auf Anhöhen wie auf Steinen, Holzstücken und Ähnlichem.
- Sie nisten gerne in dunklen, geschützten Ecken. Ein etwa 20 cm breites und 30 cm langes Brettstück schräg in eine Volierenecke gestellt, bietet den nötigen Unterschlupf (siehe Bild Seite 30).

Innenansicht einer Wachtelvoliere. Die schwenkbare Abtrennung kann zum Trennen von Wachteln und als Sperre bei Reinigungsarbeiten dienen.

Rechte Seite:
Oben: Vorderfront mit verschiedenen Öffnungsklappen zur Versorgung der Wachteln und zur leichteren Reinigung der Voliere.
Unten: Eine solche Ausgestaltung der Voliere entspricht den Bedürfnissen der Wachteln.

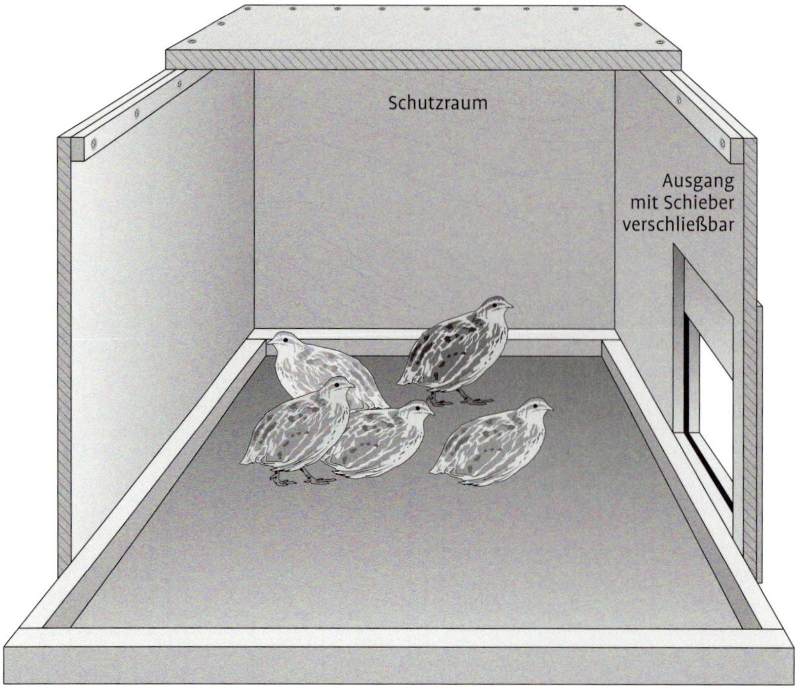

In einem an die Voliere angebauten, kleinen Schutzraum können die Wachteln an ganz kalten Tage mit Temperaturen unter minus 10 °C untergebracht werden.

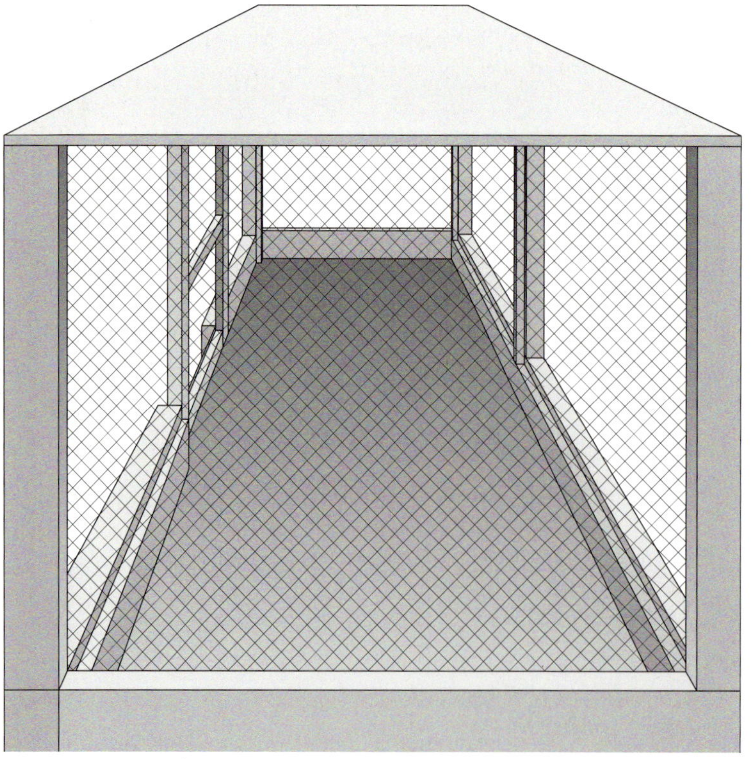

Außenbereich einer kleinen Außenvoliere für Wachteln.

Bepflanzung

Damit die Wachteln ihre ganze Schönheit und ihre Verhaltensmerkmale entfalten können, sollte die Voliere bepflanzt werden. Es ist auch ein Vergnügen, die Vögel in einer Umgebung beobachten zu können, die einer Landschaft im Miniaturformat nahekommt.

Das Verhalten der jeweiligen Wachtelart im Umgang mit Pflanzen muss dabei beachtet werden. Weil Zwerg- und Legewachteln gerne die Blattpflanzen im unteren Bereich bis ungefähr 20 cm über dem Boden abfressen, empfiehlt es sich, hochwüchsige Pflanzen zu wählen und wenn nötig, die abgefressenen Pflanzen hin und wieder gegen neue zu ersetzen.

Die Straußwachtel bildet in diesem Verhalten eine Ausnahme, denn sie frisst nur ganz selten an Pflanzen. Daher können in ihrer Voliere vielerlei Blattpflanzen eingesetzt werden. So bleibt die Bepflanzung auch länger schön, ohne dass man allzu oft mit gärtnerischen Korrekturmaßnahmen eingreifen muss.

Für Volieren mit Halbschatten eignet sich folgende Bepflanzung

Blasenspiere *(Physocarpus „Darts Gold“)*
Wuchs: 2–3 m hoch
Blüte: Juni–Juli
Standort: Sonnig bis Halbschatten

Heidelbeere *(Vaccinium corymbosum)*
(Bluecrop Kulturheidelbeere)
Wuchs: Bis 2 m hoch
Standort: Sonnig bis Halbschatten
Frucht Genussreife: Ende Juli bis Ende August

Riesensegge *(Carex pendula)*
Wuchs: 60 bis 100 cm hoch, immergrün
Blüte: Juni–Juli
Standort: Halbschatten bis Schatten

Farnkraut
Wuchs: verschieden, je nach Art oder Sorte (aus dem Wald oder vom Gartencenter)
Standort: Halbschatten bis Schatten

Die Wachtelhenne hudert ihre Küken und die Volierenbepflanzung dient ihr als Deckung.

Wachteln als Gartenhelfer
Da Wachteln neben reifem Obst auch Lebendfutter wie Insekten bevorzugen, macht sie dies als emsige Mitarbeiter bei der biologischen Schädlingsbekämpfung im Garten oder in Gewächshäusern interessant.

Rechte Seite: Gartenvoliere mit Winterausrüstung zur Vermeidung von Zugluft.

Pflege der Pflanzen

Es empfiehlt sich, die Pflanzen jeden zweiten Tag zu bewässern, um sie in gutem Wuchs und Kondition zu halten. Die Voliere bleibt so sehr lange Zeit schön. Von tierischen Schädlingen werden die Pflanzen von den Wachteln weitgehend freigehalten.

Unterbringung der Wachteln im Winter

Alle hier behandelten Arten, außer der Straußwachtel und der Montezumawachtel, können ganzjährig, also auch im Winter in der Gartenvoliere bleiben, in der allerdings möglichst wenig Zugluft entstehen sollte. Die Verkleidung der offenen Seiten der Voliere mit dünnen und durchsichtigen Plexiglasplatten oder -bahnen hat sich als Schutz vor Zugluft besonders gut bewährt, denn dabei ist die Beobachtung der Wachteln nur wenig eingeschränkt.

Im Winter ist besonders darauf zu achten, dass das Trinkwasser im Wassersilo nicht gefriert, sonst können die Wachteln verdursten. Vorteil-

Eine beheizte Tränke garantiert auch bei Frost den Zugang zum Trinkwasser.

haft ist es, wenn man die Tränke auf eine beheizbare Platte stellt, die man bei +1 °C Außentemperatur einschaltet.

Der Volierenboden sollte trocken und mit einer Schicht Einstreu bedeckt sein. Dazu eignen sich besonders Holzschredder, Sand wie beispielsweise im Handel erhältlicher Vogelsand oder aus der Sandgrube, Rindenmulch, Hobelspäne oder Walderde. Für die Deckung können mehrere Fichtenäste in die Ecken gestellt werden, die den Wachteln tagsüber als Versteck dienen. Wer über einen größeren, frostsicheren Schutzraum verfügt, kann die Wachteln auch darin überwintern lassen.

Hinweis

Strauß- und Montezumawachteln sind nicht „winterhart", sie können nicht ganzjährig in der Gartenvoliere bleiben, sondern müssen bei etwa +10 °C überwintern können.

Das Gittergeflecht der Gartenvoliere sollte vor dem Winter noch einmal genau auf seine Sicherheit inspiziert werden, denn Nager, Raubtiere, Greifvögel und vielleicht auch Nachbars Katze sind im Winter mangels Futterangebot hungriger und hätten nichts gegen ein paar gut genährte Wachteln.

Vergesellschaftung mit anderen Vogelarten

Die folgenden Aussagen gelten nur für die Vergesellschaftung ohne Zuchtabsicht, denn jede Wachtel- und Vogelart benötigt für das Brutgeschäft Ruhe. In der Gemeinschaftsvoliere mit anderen Vögeln herrscht diese Ruhe nicht.

Sofern die Voliere groß genug ist oder der Besatz mit Wachteln nicht übertrieben wird, gibt es normalerweise keine größeren Probleme in der Gemeinschaftshaltung unterschiedlicher Wachtelarten, die den Bodenbereich der Voliere nutzen, oder mit verschiedenen anderen Vogelarten, die vorrangig den oberen Bereich der Voliere bevölkern.

Trotzdem sollte bei der Gemeinschaftshaltung verschiedenener Wachtelarten einiges beachtet werden. Da die Zwergwachteln den Legewachteln und Straußwachteln körperlich unterlegen sind, werden sie leicht am Fressnapf verdrängt. Mehrere Futterstellen gewährleisten dann, dass alle genügend Nahrung bekommen.

Andere Vogelarten wie Wellensittiche, Kanarien, Zebrafinken, Reisfinken usw. können mit in der Voliere leben, wenn sie beispielsweise zwei Meter hoch ist und man auch den oberen Volierenraum bevölkern möchte. So wird die Anlage lebendiger und ansprechender.

Hinweis
Wenn ein Zuchtpaar brüten soll, setzt man es besser separat. Sonst kann es in der Voliere zu Beschädigungen der Nester und der Gelege und nicht selten zur Tötung der Jungen kommen.
Besonders die Straußwachtel leidet unter der übrigen Wachtelgesellschaft, denn die „Zwerge“ und Legewachteln laufen gerne über Anhöhen. Dazu bietet sich ihnen das Nestgewölbe der Straußwachtel geradezu an und durch das Gewicht der Wachteln wird das Nest immer mehr platt gedrückt. Die Straußwachtel verlässt dann das Gelege und geht nicht wieder ins Nest zurück.

Eine Besonderheit in der Gemeinschaftshaltung von Legewachteln mit einer Gruppe von Wellensittichen ist noch zu beachten: Wellensittiche, besonders die Jungvögel, sind sehr verspielt. In ihrem Übermut setzen sie sich auf die etwas trägen Legewachteln und reiten so durch die Voliere. Das mögen die Legewachteln aber überhaupt nicht gern. Deshalb ist es ratsam, zu einem jungen oder größeren Wellensittichschwarm keine Legewachteln zu setzen.

Fütterung

Über die Fütterung der Wachteln sollte man sich auch schon im Vorfeld informieren und das entsprechende Futter, welches auf das Alter der Wachteln abgestimmt ist, besorgen. Detaillierte Informationen zur Fütterung findet man bei den einzelnen Wachtelporträts.

Zusätzlich zu dem Futtergemisch bekommen die Wachteln regelmäßig Vogelmineralien, Grünfutter und ab und zu kleinere Portionen Mehlwürmer. Wenn die Wachteln in einer Gemeinschaftsvoliere beispielsweise mit Wellensittichen oder Kanarienvögeln gehalten werden, fressen sie auch gerne vom Wellensittich- oder Kanarien-Eifutter mit.

Wasser

Immer zur freien Verfügung stehen sollte den Tieren frisches Wasser. Damit das Trinkwasser möglichst lange sauber bleibt, sollten keine Trinkschalen verwendet werden, durch die die Wachteln laufen können. Besser ist ein Trinksilo mit Glasbehälter, der sich leicht reinigen lässt. Da die Wachteln viel im Boden scharren und dabei Einstreu aufwirbeln, empfiehlt es sich, das Silo etwas erhöht auf ein dickes Brettstück, eine Steinplatte oder eine Baumscheibe zu stellen.

Von oben nach unten:
Ein Futtergemisch aus Exoten-, Kanarien-, Wellensittich-Körnerfutter, Eifutter, Kükenkorn, Kükengrütze und Fasanenaufzuchtsfutter. Dazu werden regelmäßig Mineralfutter und Vogelmineralien gegeben. Obst, Grünfutter und Mehlwürmer ergänzen den Speiseplan der Wachteln.

Nachzucht und Aufzuchtmethoden

Wer erfolgreich züchten will, der sollte die Wachtelpaare separat in Brutboxen unterbringen. Die Wachtelhenne wird dann weniger beim Brutgeschäft gestört und die Abstammung der Küken ist einwandfrei geklärt. Bei der Brut sollten alle Bedingungen ausschließlich nach den Bedürfnissen der Wachtelhenne geschaffen werden: Ruhe, eine abgedunkelte Gehegeecke, möglichst unter einem Zweig oder einem schräg gestellten Brettabschnitt und Kokosfasern als Nistmaterial – mehr braucht es dazu eigentlich nicht.

Brut, Schlupf und Aufzucht

Die Brut der Wachteln wie auch vieler anderer Vogelarten kann auf zwei Arten erfolgen. Einmal durch die natürliche Brut durch die Wachtelhenne = Naturbrut. Hier werden die Eier ständig von der Henne bebrütet, die geschlüpften Küken umsorgt, gefüttert und gehudert. Auch der Hahn nimmt an der Aufzucht teil, wenn er anwesend ist.

Bei der künstliche Erbrütung der Eier im Brutapparat = Kunstbrut werden die Brutbedingungen (Wärme, Luftfeuchtigkeit und Eiwendung) künstlich hergestellt. Die geschlüpften Küken folgen ihrem Instinkt und picken an dem herumliegenden Futter. Den Weg zum Futter

Wachtelhenne mit Küken im selbst gebauten Nest

Hinweis

Der Schönheitssinn einer brütenden Wachtelhenne stimmt nicht unbedingt mit dem des Züchters überein. Ein frischer Fichtenzweig, als Deckung ist für die Wachtelhenne eingebracht, sieht frisch gut aus. Wenn er aber nach etwa drei Wochen keine Nadeln mehr hat, möchte der Züchter den vertrockneten Zweig durch einen frischen ersetzen. Die Wachtelhenne sieht dies ganz anders: Der dürre Zweig ist ihr bekannt und ist ein wichtiger Teil ihres Reviers und Nestbereiches. Jeder Eingriff bedeutet für die Henne eine ernsthafte Störung und Verunsicherung.

Auch die kleinste, noch so gut gemeinte Revierveränderung sollte deshalb unterbleiben, bis die Küken geschlüpft und etwa zehn Tage alt sind. Danach kann das Gehege gereinigt und mit neuer Einstreu versehen werden. Auf den Zweig als Deckung kann dann verzichtet werden, damit man bei der täglichen Kontrolle die Übersicht behält und es sofort auffällt, sollte ein Küken fehlen.

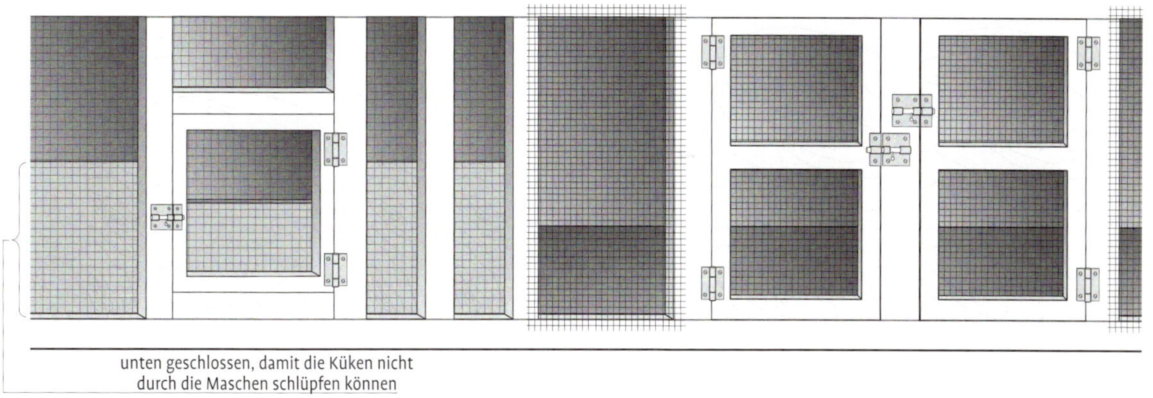

Wachtelgehege mit Brut- und Aufzuchtabteil mit küken-sicherer Verkleidung im unteren Bereich.

und zum Wasser müssen sie allein suchen und finden. Zum Aufwärmen müssen sie ihrem Gefühl folgen und in den Bereich der Wärmelampe zurückkehren.

Mit diesen Unterschieden wachsen beide Gruppen auf, werden von Tag zu Tag selbstständiger und sicherer. Die Aufzucht durch die Henne lässt die Küken etwas schneller wachsen als gleichaltrige Küken aus der Kunstbrut. Dies liegt an dem stärkeren Anreiz zur Nahrungsaufnahme durch Henne und Hahn. Die Kunstbrutküken sind weniger scheu als die Küken aus natürlicher Aufzucht, denn sie kennen die Warnrufe der Elterntiere nicht. Bei Gefahr rennen die Küken aus der Kunstbrut verstört durcheinander. Die Küken aus der natürlichen Aufzucht rennen gezielt auf die Elterntiere zu und folgen ihnen ins Versteck.

Erwerb und Transport

Wer sich für die Haltung der Zwergwachteln entschieden hat, sollte sich einen Züchter aussuchen, der ihm vertrauenswürdig erscheint und dort die gewünschten Wachteln erwerben. Für den Transport der Vögel sollte vorab eine Transportkiste gebastelt werden:

- In einen festen Karton, Größe nach der Anzahl Wachteln circa 100 cm^2 bei Zwergwachteln, bei Legewachteln das Doppelte, bei Zahnwachteln das Vierfache pro Tier, wird eine Öffnung in eine der Längsseiten geschnitten.
- Von innen wird ein passendes Stück Volierendraht mit Klebeband vor die Öffnung geklebt.
- Auf den Boden kommt eine Schicht Hobelspäne.
- Als Futter für die Reise werden Hirsekolben und, wenn vorhanden, Grünfutter wie Salatblätter eingelegt.
- Dann wird für ein Trinkröhrchen etwa 4 bis 5 cm über dem Boden eine kleine Öffnung geschnitten. Das Trinkröhrchen wird mit Wasser gefüllt, der Trinkeinsatz von außen in die Öffnung gesteckt und das Röhrchen mit Klebeband außen an der Seitenwand befestigt.
- In dieser Kiste können die Wachteln eine Transportzeit bis zu sechs Stunden gut überstehen.

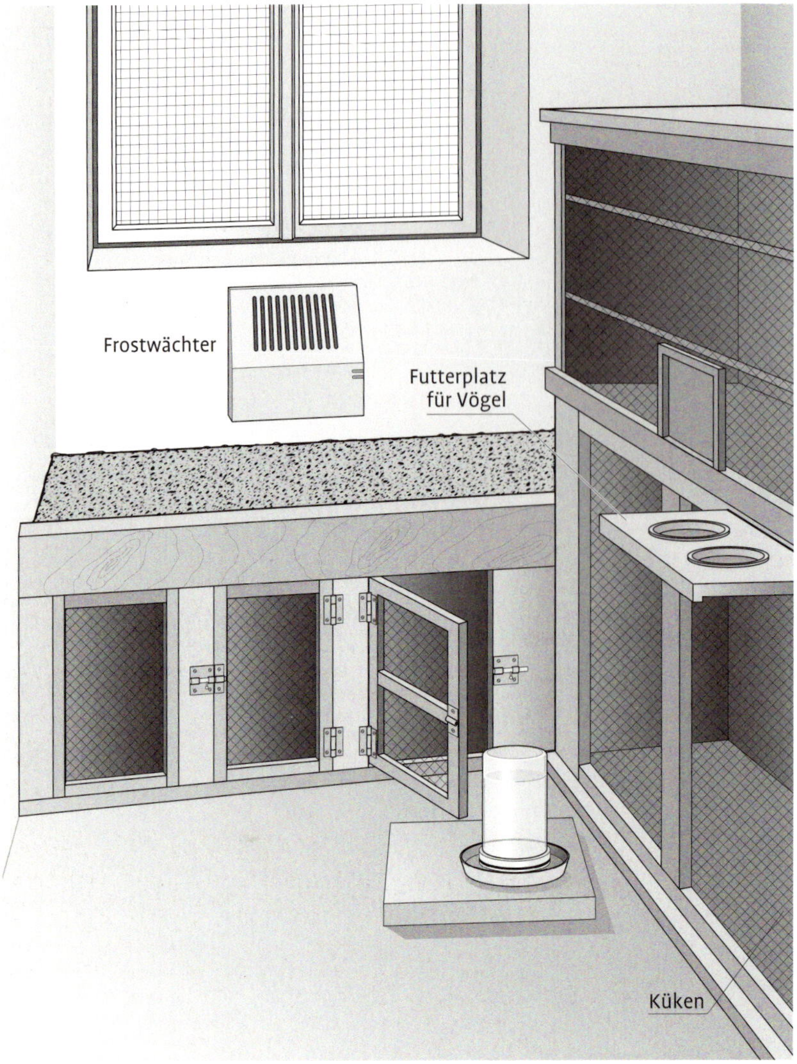

Zuchtraum mit verschiedenen Zuchtboxen.

Selbst gebaute Transportbox für Wachteln, wie auf Seite 19 unten beschrieben.

Seit vielen Jahren scheiden sich die Züchtergeister über das Für und Wider dieser beiden Brutarten, doch haben beide ihre Vor- und Nachteile. Die Auseinandersetzung findet mehr auf der emotionalen als auf der sachlichen und schon gar nicht auf der wissenschaftlichen Ebene statt. Deshalb wird manches Scheinargument oder Klischee von Generation zu Generation weitergegeben, ohne kritisch hinterfragt zu werden. Es wird unnötig weiter gestritten, anstatt sich über die wirklichen Fakten näher Gedanken zu machen.

Der Streit entzündet sich immer wieder an einem Problem: eine Henne will ihre Eier nicht bebrüten. Oft wird argumentiert, dies läge daran, dass sie aus der Kunstbrut stammt. Doch damit entschuldigt ein Züchter oft wissentlich oder unwissentlich Fehler oder Versäumnisse, die ihm selbst bei der Schaffung der den Vögeln gerechten Nist- und Brutbedingungen unterlaufen sind.

Definition
Die Trainingszeit mit den Elterntieren und allen Erfahrungen, die die Küken machen, ist der Hauptvorteil, den natürlich aufgezogene Küken gegenüber Kunstbrutküken haben.
Es stellt sich die Frage: Sind die Unterschiede der beiden Gruppen mit den Begriffen „Naturbrut“ und „Kunstbrut“ wirklich richtig definiert? Das Gewicht der beiden Begriffe liegt ja ausschließlich auf dem Brutvorgang, der für die Prägung der Tiere sicherlich vernachlässigt werden kann. Sollten wir nicht besser unterscheiden in „Wachteln aus natürlicher Brut und Aufzucht durch die Henne“ und „Wachteln aus Kunstbrut und Aufzucht ohne Henne“? Diese Begriffe würden der Sache wirklich besser gerecht.

Fakten zum Staunen!

Betrachten wir einmal einige Voraussetzungen für den Schlupf eines Kükens und dessen Überleben in den ersten drei Wochen:

- Zum richtigen Zeitpunkt muss die Eizelle im Körper der Henne befruchtet werden.
- Dann muss sich eine feste Schale um das Ei bilden.
- Der Ort der Eiablage muss vorbereitet und für die Brut geeignet sein.
- Das Ei muss gelegt werden.
- Es darf bis zum Brutbeginn nur eine gewisse kurze Zeit liegen, sonst verdirbt es.
- Es muss vor thermischen und mechanischen Einflüssen und Schäden geschützt werden.
- Es muss mehrmals am Tag gewendet werden.
- Es muss mindestens 16 bis 18 Tage (Zwergwachtel) bebrütet werden.
- Die Bruttemperatur und die relative Luftfeuchtigkeit müssen stimmen.
- Dem Küken im Ei muss ein Eizahn wachsen, damit es die Schale von innen aufsägen kann.
- Das Küken muss im Ei bestimmte Drehbewegungen machen, damit die „angesägte“ Eischale aufbricht und der Schlupf erfolgen kann.
- Das neu geschlüpfte Küken muss nun in einem bestimmten Temperaturbereich für die Dauer von mindestens drei Wochen gewärmt werden.
- Es muss geeignetes Futter und sauberes Trinkwasser vorfinden.
- Es muss vor Feinden beschützt werden, bis es selbstständig ist und selber auf sich aufpassen kann.

Wird eine einzige dieser Bedingungen nicht erfüllt, kann das Küken nicht überleben.

Kükenaufzuchtabteil mit Rotlicht-Wärmelampe.

Brütet eine Henne aus Kunstbrut schlechter als eine aus Naturbrut?

Das Allerwichtigste für eine erfolgreiche Brut bei Wachteln ist, die Wünsche der Henne zu beachten. Weil sie diese dem Züchter nicht verbal mitteilen kann, muss er durch gezielte Veränderungen in ihrem Revier – wenn sie eines hat – die gewünschten Bedingungen schaffen. Gute Beobachtungen, wie die Henne auf die Veränderung reagiert, zeigen, ob man dem Ziel, dass sie selbst brütet, ein Stück näher gekommen ist. Wenn alles stimmt, wird die Henne in den allermeisten Fällen dies zu gegebener Zeit tun, gleich, ob sie selbst aus Natur- oder Kunstbrut entstammt.

Welchen Einfluss hat die Mutterhenne in den ersten drei Lebenswochen auf das Verhalten der Küken?

Eine starke Prägung der Küken durch die Mutterhenne kann nur in den ersten drei Lebenswochen der Küken stattfinden, denn die 16 Tage im Ei sind wahrscheinlich, was die Prägung betrifft, eher zu vernachlässigen. Danach lernen die Küken viele lebenswichtige Dinge von ihrer Mutter wie das Finden des Futters, Fluchtreaktionen und andere. Der Bruttrieb aber ist als Instinkt, der das Überleben der Art garantiert, angeboren. Er wird während in der Prägungsphase nicht der Mutter abgeschaut, denn sie brütet in dieser Zeit nicht mehr. So kann der Bruttrieb logischerweise auch bei Küken, die über den Weg der Kunstbrut groß wurden, nicht verloren gehen. Zahllose Versuche mit Wachteln aus Kunstbrut über mehrere Jahre und bei verschiedenen Züchtern haben eindeutig gezeigt, dass ihr Bruttrieb nicht erloschen war.

Frisch geschlüpftes Küken der Mexikowachtel. Angesichts der vielen Bedingungen, die erfüllt sein müssen, immer wieder ein Wunder vor unseren Augen.

Ablauf der Naturbrut

Eine Zwergwachtelhenne legt bis zu zehn Eier in eine Nestmulde und bebrütet dieses Gelege, bis die Küken schlüpfen. In der Regel sind dies ganz genau 16 Tage.

Zum Schlüpfen sägt das Küken mit dem Eizahn die Eischale auf, damit es das Ei verlassen kann. Die frisch geschlüpften Küken werden von der Mutter zum Futter und Wasser geführt. Meist kehrt die Henne mit den Küken nicht mehr zum Nest zurück. Die später gelegten Eier erkalten und die Küken darin sterben ab.

Um die frierenden Küken zu wärmen (zu hudern), hockt sich die Henne in der Voliere oder dem Gehege immer wieder ab und lässt dabei leise, spezielle Lockrufe ertönen, die auch weiter entfernte Küken herbeirufen. Nach dem Aufwärmen geht es wieder gemeinsam auf Futtersuche. Dabei nimmt die Henne das Futter in den Schnabel und lockt gleichzeitig die Küken wieder mit anderen speziellen Rufen. Die Küken kommen angerannt und übernehmen das Futter aus dem Schnabel der Henne. Alles, was die Mutterhenne anbietet, wird vertrauensvoll geschluckt. Küken ohne Mutterhenne müssen erst selbst herausfinden, was sie fressen können.

Und was ist mit dem Hahn?

Soll der Hahn während der Brutzeit bei der Henne bleiben? Auch über diese Frage wird sehr unterschiedlich diskutiert. In der Regel bleibt der Hahn bei der Henne, denn für die Aufzucht der Küken ist er eine große Hilfe. Er führt die Küken, geht mit ihnen auf Futtersuche und hilft, die Küken zu hudern (siehe auch Seite 66).

Die Henne ist äußerst wachsam und sehr um die Sicherheit ihrer Jungen bemüht. Bei Gefahr sammelt sie ihre Küken hinter sich in eine Ecke, spreizt die Flügel, stellt das Gefieder und greift den Feind an. Die gleiche Kampfbereitschaft kann man beobachten, wenn der Hahn während der

Die Wachtelhenne verteidigt ihre Küken gegen jeden Feind.

Brutzeit von der Henne getrennt wurde und jetzt, nachdem alle Küken geschlüpft sind, wieder zu Henne und Küken gelassen wird. Wenn er sich dann der Henne nähert und ihn diese zum Kampf bereit empfängt, verharren beide im Abstand von 30 bis 50 cm voneinander für eine kurze Zeit. Dann glättet sich das Gefieder der Henne, sie geht langsam auf den Hahn zu, duckt sich flach auf den Boden und signalisiert ihm so, dass sie zur Paarung bereit ist. Der Hahn besteigt die Henne und die erste Paarung nach der langen Zeit des Brütens wird vollzogen. Danach ist alles klar, die Situation entspannt sich und der Hahn darf sich nun an die Vaterrolle gewöhnen. Schon nach kurzer Zeit sind die Ängste bei Henne, Hahn und Küken abgebaut und der Hahn ist von allen angenommen. Er führt, füttert, beschützt und hudert nun auch die Küken. Da die Küken von Tag zu Tag aktiver werden und mehr Hunger haben, trägt der Hahn in starkem Maße zur Aufzucht der Jungen bei.

Die Küken können immer nur kurze Zeit im unbeheizten Gehege unterwegs sein. Dann müssen sie sich wieder von der Henne oder dem Hahn aufwärmen lassen. Dabei stehen die Küken schon Schlange und warten darauf, dass die Henne sich niederlässt und sie unter die Flügel einschlüpfen können. Beim Huderverhalten besteht anfangs ein deutlicher Unterschied zwischen Hahn und Henne. Die Henne hockt sich zum Hudern der Küken nieder und die Küken schlüpfen unter ihre Flügel. Sie kann so mühelos acht bis zehn Küken gleichzeitig wärmen. Der Hahn stellt sich zum Hudern einfach breitbeinig über das Küken. Dann schaut es aus, als hätte der Hahn vier Beine, zwei große und zwei kleine. Später setzt auch er sich nieder und lässt die Küken unter seine Flügel.

Die Jungwachteln sind im Alter von etwa zwölf Wochen geschlechtsreif. Sie beginnen, selbst Eier zu legen und wenn die Brutbedingungen stimmen, sorgen auch sie wieder für eine neue Generation.

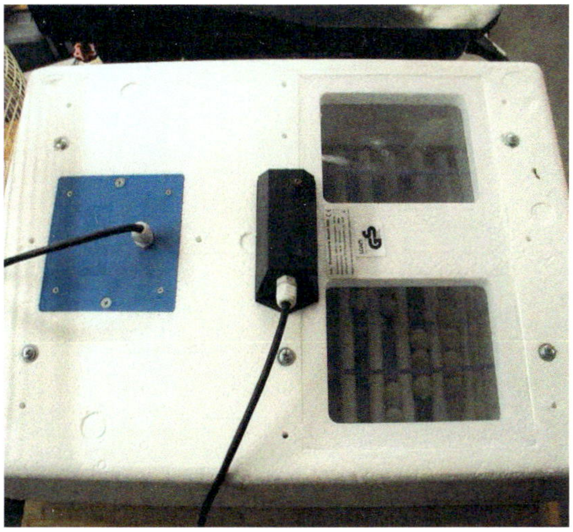

Links: Flächenbrüter, Ansicht von oben.

Rechts: Flächenbrüter von innen, die Eier auf der Rollenhorde sind zu sehen und im Oberteil der Antriebsmotor für die automatische Eierwendung.

Kunstbrut

Auch die Kunstbrut hat ihre Berechtigung und eine Reihe von Vorteilen. Diese Informationen zu Brut und Aufzucht werden hier speziell für die Zwergwachtel geschildert. Sie gelten vom Grundsatz her aber auch für die anderen angeführten Wachtelarten, wobei der Platzbedarf für die Küken der größeren Arten dabei natürlich steigt.

Solange die Zwergwachteln Eier legen, diese aber nicht bebrüten, kann der Züchter die Eier sammeln und sie im Brutapparat ausbrüten. So gehen die Eier für die Zucht nicht verloren. Brutapparate gibt es in verschiedenen Ausführungen und Preisklassen, vom einfachsten Flächenbrüter bis zum komfortabelsten Schrankbrüter. Die Wahl des richtigen Brüters ist in der Abhängigkeit vom angestrebten Verwendungszweck zu sehen und zu entscheiden. Wachtelzüchter, die mit der Kunstbrut beginnen wollen, sollten sich vorher über das Brüterangebot informieren.

Dem Hobbyzüchter kann ein Flächenbrüter mit automatischem Eierwender empfohlen werden. Die Bedienung ist einfach und die Funktion zuverlässig. Auch die Aufnahmekapazität reicht für den Hobbyzüchter aus. Vor dem erstmaligen Einsatz ist es empfehlenswert, die Bedienungsanleitung gründlich zu lesen und zu befolgen. Außerdem gibt es zum Thema Kunstbrut gute Fachliteratur (siehe Literaturverzeichnis Seite 119).

Bei Brutbeginn wird die richtige Bruttemperatur eingestellt, die dann durch den eingebauten Thermostaten konstant gehalten wird. Die nötige Feuchtigkeit wird über zweimal drei mit Wasser befüllten Rillen zugeführt. Im Flächenbrüter werden die Zwergwachteleier bei 38,3 °C, gemessen an der Eieroberkante, bebrütet.

Nach 13 Tagen stellt man den automatischen Eierwender ab, entfernt die Rollenhorde und legt statt dessen ein Drahtgitter ein. Darauf werden

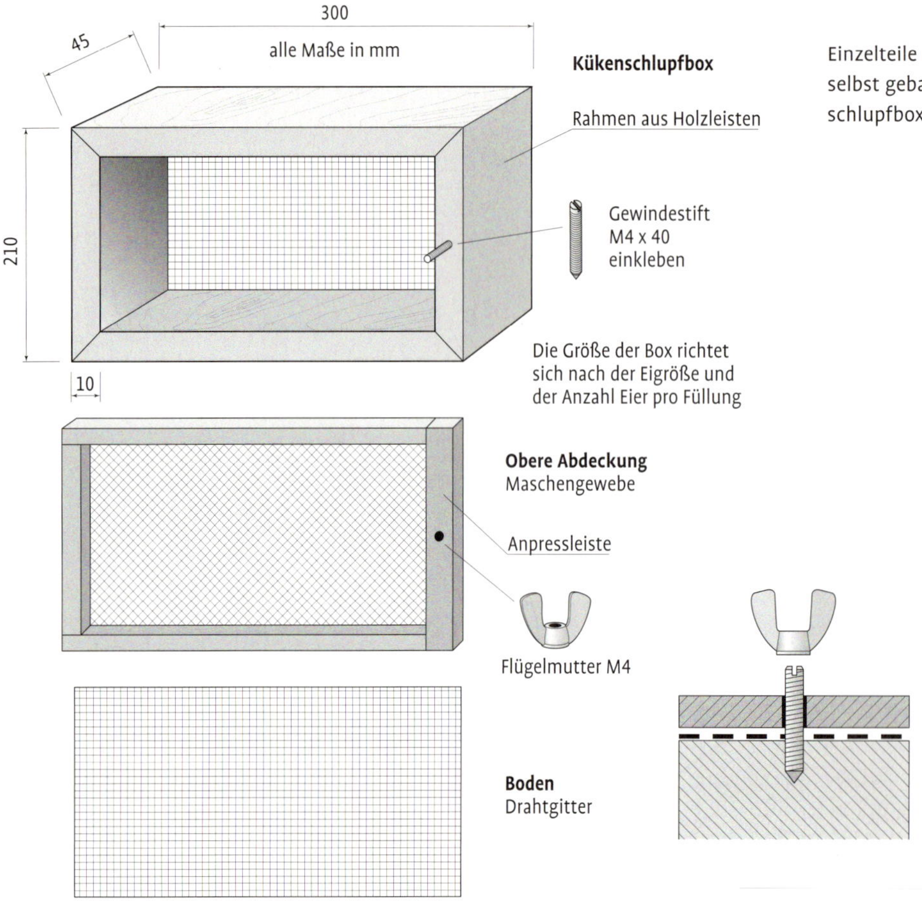

Einzelteile und Maße für eine selbst gebaute Küken-schlupfbox.

Bauanleitung für die Schlupfbox

- Aus vier Holzleisten wird ein kleiner **Rahmen** hergestellt.
- Als **Boden** wird ein Drahtgitter (Volierendraht) befestigt und als oberen Abschluss kann man ein Maschengewebe, wie es auf dem Bau als Putzträger verwendet wird, auflegen. Dieses Gewebe darf aber nur einseitig bis zur Rahmenmitte mit dünnen, aufgeleimten Leisten befestigt werden. Die andere Hälfte lässt sich zum Einlegen der Eier und zum späteren Entnehmen der Küken hochklappen.
- Damit die geschlüpften Küken das lose Gewebestück nicht hochheben können, muss es mit einer Anpressleiste festgehalten werden. In den Holzrahmen wird ein Loch für den zuvor besorgten Gewindestift (M4) gebohrt und der Gewindestift in das Loch eingeleimt. Die überstehende Hälfte des Stiftes muss der Stärke der Anpressleiste und der Flügelmutter entsprechen. Die Anpressleiste wird mit einer Flügelmutter auf das Gewebestück gepresst.
- Die Schlupfbox sollte eine **Einlage** haben, auf der die Küken nicht rutschen können wie Papier von der Küchenrolle oder noch besser ein Stück Frottee-Handtuch. Auf glatten Flächen haben die Küken keinen Halt, die Beine rutschen durch das Körpergewicht auseinander und es bilden sich die sogenannten **Spreizbeine**.
- Nach dem Schlupf wird die Schlupfbox mit den Küken dem Brutapparat entnommen und in die vorbereitete Kükenaufzuchtbox gestellt. Erst jetzt wird die Anpressleiste abgenommen und das Gewebe umgeschlagen. Die meisten Küken springen dann von selbst in die Aufzuchtbox, ohne dass dabei ein Verletzungsrisiko besteht. Dann kann die Schlupfbox wieder verschlossen und mit den restlichen Eiern in den Brutapparat zurückgestellt werden.

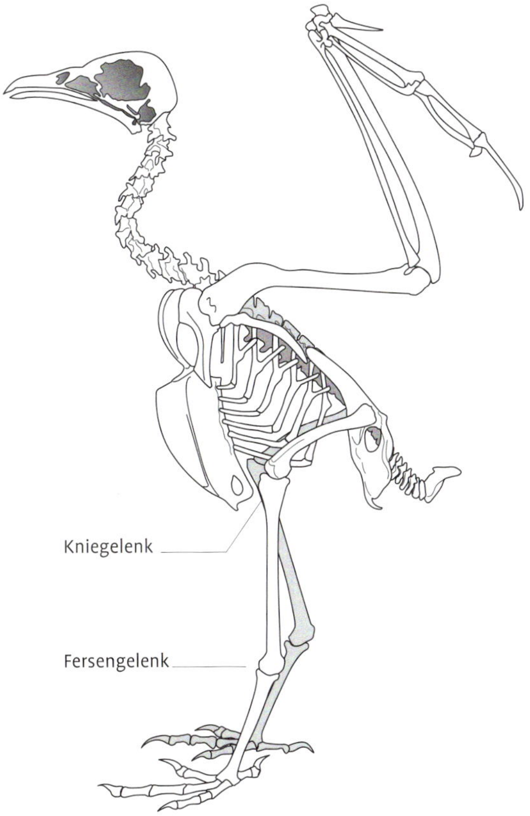

Spreizbeine
Das Kniegelenk der Wachteln wird in den ersten zwei Tagen beim Laufen auf glatter Unterlage nach der Seite hin überdehnt und dann rutschen die Beine ständig unter dem Gewicht des Körpers seitlich weg. Das Küken verlagert nun bei der Fortbewegung sein Gewicht meistens auf einen Fuß und macht mit dem anderen Fuß nur noch Stützbewegungen.
Der Unterschenkelknochen stellt sich nach einiger Zeit nach oben und dann läuft das Küken nur noch auf dem Kniegelenk zum Oberschenkelknochen. Dieses wird je nach Bodenbeschaffenheit schon bald aufgescheuert, es kommt zu Entzündungen und zur Versteifung. Nicht selten stirbt der Fuß ganz ab und es bleibt nur ein Stummel übrig.
Die Wachtel kann so durchaus etwa drei Jahre leben. Besser ist es auf jeden Fall, es erst gar nicht soweit kommen zu lassen.

dann die Bruteier gelagert. Die sechs Wasserrillen werden neu gefüllt, der Brutapparat geschlossen und die nächsten drei Tage nicht geöffnet. Pünktlich am 16. Bruttag schlüpfen die ersten Küken. Sie bleiben etwa 24 Stunden im Brutapparat. Danach sind sie richtig trocken und schon recht munter auf den Beinen. Es können aber immer noch einige Nachzügler schlüpfen. Küken, die den Schlupf aus eigener Kraft nicht schaffen, sind erfahrungsgemäß nicht lebenstüchtig und sterben in der ersten Woche.

Der im Foto auf Seite 25 dargestellte Flächenbrüter besitzt einen Nachteil: der Rand des Unterteils ist zu niedrig. Wenn die geschlüpften Wachtelküken entnommen werden sollen, springen sie beim Öffnen der Brutbox über diesen Rand und können sich dabei tödlich verletzen. Um dies zu verhindern ist es ratsam, eine selbst gebastelte Schlupfbox zu verwenden.

Aufzucht in der Kükenbox

Weil die Mutterhenne bei der Kunstbrut fehlt, sind die kleinen Zwergwachtelküken ganz besonders auf die Pflege, den Schutz und die Zuwendung des Züchters angewiesen. Seine Zuwendung, seine Hand und seine

In der Hand des Züchters fühlt sich das Küken geschützt.

Stimme oder seine Lockrufe sollten nun dem Küken die Mutter in gewisser Hinsicht ersetzen. So wie es sich bei der Mutter im Gefieder einkuschelt, so sucht es jetzt den Kontakt zur Hand des Züchters. Legt er sie mit gespreizten Fingern in der Aufzuchtbox flach auf den Boden, hebt sie dann etwas an, sodass sie auf den Fingerspitzen ruht, dann schlüpfen die Küken gerne zwischen den Fingern durch und kuscheln sich unter die Hand. Dieses Erlebnis sollte sich kein Züchter entgehen lassen. Wenn er diese Handkontakte häufig anbietet, haben die Wachteln auch später keine Angst und lassen sich gerne einfangen.
Auf die frisch geschlüpften Winzlinge lauern viele Gefahren, die es abzuwenden gilt. Weil sie nicht von der Mutter gehudert werden, benötigen sie eine Raumtemperatur von circa 30 °C in der Aufzuchtbox und im Bereich der Wärmelampe etwa 35 °C. Die Wände der Box sollten nicht aus Maschendraht sein, der eine Maschenweite von mehr als 6 mm hat. Durch Maschen von 12,5 mm schlüpfen die Küken ohne Probleme hindurch. Sie wären dann ohne Schutz, denn die Henne kann dem Küken nicht folgen und es könnte leicht umkommen. Auch gibt es in ganzseitig mit Maschendraht umkleideten Gehegen leicht Zugluft, die für die Küken ebenfalls tödlich sein kann. Besser ist eine geschlossene Aufzuchtbox, die in der oberen Abdeckung Lüftungsöffnungen besitzt. Eine solche Kükenaufzuchtbox kann der Züchter leicht selbst herstellen (siehe Seite 29).

Auf eine automatische Temperaturregelung sollte dabei niemals verzichtet werden. Die Temperatur muss dem Alter der Küken entsprechend über einen Fühler und Regler konstant gehalten werden, mit einer Schwankung von möglichst nicht mehr als 3 °C. In der ersten Woche sollte die Temperatur 32–35 °C, in der zweiten Woche 29–32 °C und ab der dritten bis sechsten Woche 25–29 °C betragen. Ab der sechsten Woche kommen die Jungwachteln ohne Heizung aus.

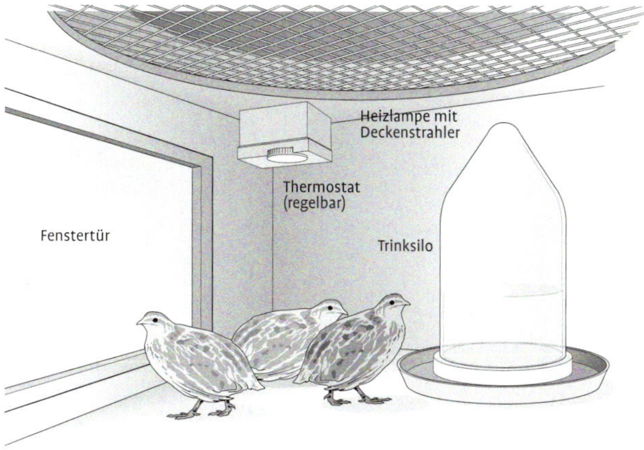

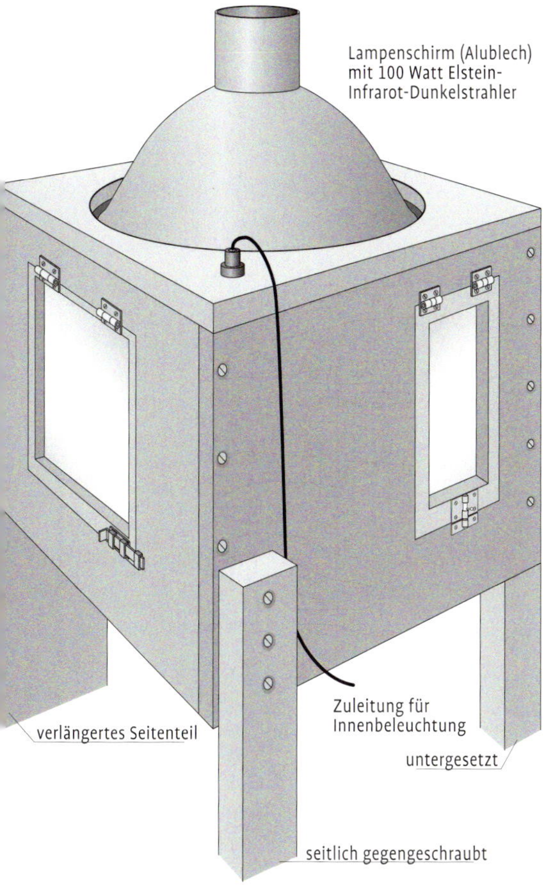

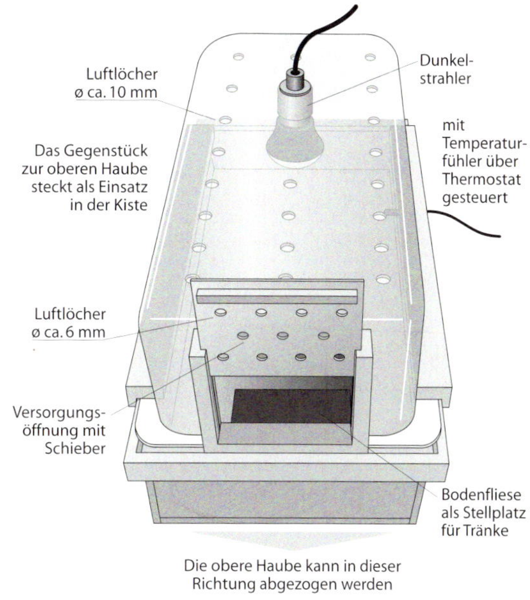

Oben: Kükenbox mit Wärmelampe Marke Eigenbau. Die Zeichnung zeigt verschiedene Varianten, wie die Beine der Box angebracht sein können.
Oben rechts: Innenansicht.
Mitte rechts: Eine andere, einfache Kükenbox-Variante mit Wärmelampe. Die Kunststoffhaube ist eine wiederverwendete Einwegverpackung von OP-Material aus dem Krankenhaus.
Unten rechts: Eigenbauvariante 3, ein „Küken-Aquarium“ mit Wärmelampe.

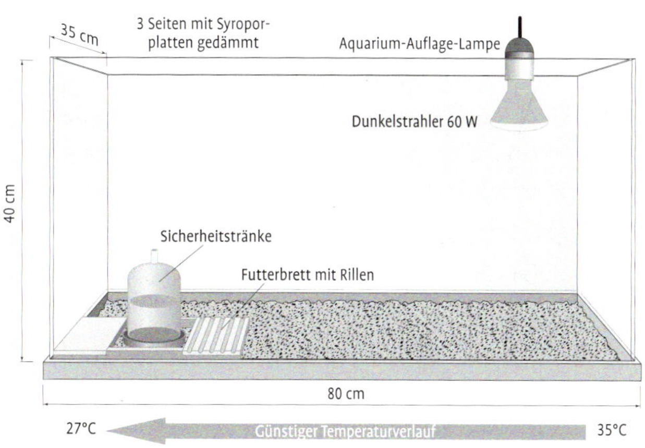

Küken-Aquarium mit Wärmelampe, in Augenhöhe aufgestellt und mit frisch geschlüpften Küken bevölkert, ist das beste „Fernsehprogramm".

Beim Bau einer Aufzuchtbox muss auf Folgendes geachtet werden: Die Box sollte hell sein, damit die Küken auch am Abend noch Nahrung aufnehmen können und auf diese Weise gut über die Nacht kommen. Denn durch ihre geringe Größe sind sie wie kleine Babys auf öftere Nahrungszufuhr angewiesen. Man kann auch in den ersten 14 Tagen eine Lampe die ganze Nacht eingeschaltet lassen. Eigene Erfahrung hat gezeigt, dass dann die Kükensterblichkeit wesentlich geringer ist. Ab einem Alter von zwei Wochen erscheint es sinnvoll, die Küken an einen normalen Tag-Nacht-Rhythmus zu gewöhnen, das heißt, gegen 23 Uhr – Licht aus!

Wichtig ist die regelmäßige Trinkwassererneuerung besonders nach der Nacht. Wegen der hohen Innentemperatur und der Verschmutzung des Wassers durch die Küken können sich leicht schädliche Bakterien vermehren und die Kükensterblichkeit unnötig erhöhen. Die Tränke sollte so gestaltet sein, dass darin kein Küken ertrinken kann. Um der Bildung von Spreizbeinen vorzubeugen, wird auch der Boden im Tränkenbereich mit einem festen Stoffstück ausgelegt.

Die Futteraufnahme der Kunstbrutküken wird durch ein Futterbrett erleichtert. Man nimmt am besten dazu ein ungehobeltes Brettstück und schneidet mit dem Kehlstecheisen oder mit einem Fräser zwei bis drei Rillen hinein, in welche später das Futter gestreut wird. Glatte Futternäpfe haben sich für die Küken nicht bewährt, weil sie darin rutschen.

Der übrige Bodenbereich der Aufzuchtbox wird mit einer Lage Hobelspänen bedeckt. Diese sind warm, nehmen Feuchtigkeit auf und binden den Schmutz. Ein kleiner Bereich kann auch aus Sandboden (Vogelsand oder Vogelmineralien) bestehen.

Aufzucht im Aquarium oder Terrarium

Eine besonders reizvolle Art der Kükenaufzucht ermöglicht ein umfunktioniertes großes Aquarium mit den Maßen 80 × 35 × 40 cm. Auf der einen Seite des Beckens wird ein Dunkelstrahler montiert und die Temperatur über einen Thermostaten konstant gehalten. Je dichter man den Temperaturfühler in Richtung Dunkelstrahler verschiebt, desto kühler wird der nicht bestrahlte Bereich. Diesen richtet man als Futterbereich ein. Durch die so geschaffenen verschiedenen Temperaturbereiche im Aquarium können sich die Küken den Platz mit ihrer jeweiligen Wohlfühltemperatur aussuchen.

Als Ruhe- und Aufwärmzone wird ein Bereich mit Hobelspänen eingerichtet. Dann wird ein Holzkeil, wie er bei Holzfällerarbeiten im Wald anfällt, passend auf Länge geschnitten und in das Aquarium eingelegt. Die flache Schräge zeigt zur Ruhezone und die steile Seite mit der Baumrinde nach der Futterseite. Ein solcher Keil ist bei den Küken sehr beliebt und verhindert gleichzeitig, dass die Hobelspäne im ganzen Aquarium verteilt werden. Zwischen Holzkeil und Futterbereich wird ein Sandbadebereich aus Vogelsand und einigen Flusssteinen angeordnet. Ein eingestellter Zweig verschönert das Ganze. Von außen wird noch an drei Seiten eine Aquarium-Hintergrundfolie angebracht, die es in verschiedenen Dekors im Zoohandel gibt.

Nun stellt man das Aquarium auf einen etwa einen Meter hohen Unterbau, Schrank, Tisch oder Regal, dann kann man das fröhliche Treiben der Küken etwa in Augenhöhe beobachten. Verkleidet man zur Isolation die beiden Kopfseiten und die Rückseite mit circa 2–5 cm starken Styroporplatten, halten sich auch die Energiekosten für dieses wirklich schöne Küken-Aquarium in Grenzen. Die eingelegten Flusssteine speichern die Wärme und verhindern die Unterkühlung der Küken bei kurzzeitigen Stromausfällen. Den gleichen Zweck kann ein selbst gebautes Terrarium erfüllen, das an der Vorderfront mit Schiebeglasscheiben und Kunststoffgleitprofilen vom Glashandel versehen wird. Auch dieses kann ganz nach dem individuellen Schönheitsempfinden und dem Bedürfnis der Wachtelküken ausgestaltet werden.

Wachtel-Kennzeichnung mit bunten Cellu-Ringen.
Mit dem Aufziehlöffel wird der offene Ring am Bein der Wachtel angebracht und zugedrückt.

Beringen

Bevor die Zwergwachteln im Alter von etwa acht Wochen in die Gartenvoliere oder das Gehege gesetzt werden, kann man sie mit farbigen Cellu-Ringen Durchmesser 4,0 mm kennzeichnen. Wer seine Wachteln auf einer Ausstellung präsentieren möchte, der muss sie natürlich etwas früher mit den amtlichen Jahresringen beispielsweise von der Vereinigung für Artenschutz, Vogelhaltung und Vogelzucht AZ e.V. geschlossen beringen. Die Ringgrößen der anderen Arten sind dort zu erfahren.

Entwöhnen

In der sechsten bis achten Woche werden sowohl die Jungwachteln aus Kunstbrut als auch aus der natürlichen Aufzucht von der Mutterhenne und gegebenenfalls dem Hahn getrennt und wachsen zusammen mit den Jungwachteln aus der Aufzucht ohne Mutter weiter bis zur Geschlechtsreife.

Ab der Trennung von den Alttieren kann also keinerlei Prägung durch die alten Wachteln mehr geschehen. Hat der Züchter den Kunstbrutküken ab dem zweiten Tag nach dem Schlupf möglichst naturbrutnahe Bedingungen ermöglicht, können diese Wachteln als nahezu natürlich aufgewachsen gelten. Erfahrungen vieler Züchter zu dieser Frage haben belegt, dass es tatsächlich keinerlei erkennbare Unterschiede zwischen solchen Wachteln gab.

Verbesserung der Aufzuchterfolge

Bei der Naturbrut der Chinesischen Zwergwachtel umfasst ein Gelege 5 bis 10 Eier, aus denen 3 bis 7 Küken schlüpfen. Durch mancherlei Faktoren sterben in den ersten zwei Tagen ein bis zwei Küken. Zur Aufzucht kommen so etwa 2 bis 6 Küken. Die Henne könnte aber 10 Küken hudern und betreuen.

Es wurde festgestellt, dass die Henne bei Naturbrut nur rund 50 % der möglichen Kükenzahl aufzieht. Versuche, der Henne zusätzlich Küken aus einer Kunstbrut zuzuführen, zeigten positive Ergebnisse. Es stellte sich dabei als wichtig heraus, dass die Kunstbrutküken gleichaltrig wie die unter der Henne geschlüpften Küken sein sollten. Weiterhin sollten sie am zweiten Tag nach dem Schlupf als Zweiergruppen zu unterschiedlichen Zeiten zugesetzt werden, bis die Henne zehn, maximal zwölf Küken unter sich hat. Setzt man zu viele Küken gleichzeitig ein, ist die Henne oft völlig irritiert, rennt umher, die Küken kühlen aus und es kann zu Verlusten kommen.

Durch diese Kombination von Kunst- und Naturbrut ist es möglich, die doppelte Anzahl an Jungwachteln großzuziehen, von denen ein Teil von Anfang an und ein Teil ab zwei Tage nach dem Schlupf auf natürliche Weise, das heißt mit der Mutterhenne, aufgewachsen sind. Neuere Versuche ergaben, dass sich bei der Kombination von Kunst- und Naturbrut die Kükenzahl bis auf 20 steigern lässt. Dies setzt aber voraus, dass der Hahn gleich nach dem Schlupf in die Aufzucht der Küken eingebunden wird und seine Rolle als treu sorgender Vater auch ausübt. Diese Art der natürlichen Kükenaufzucht durch Hahn und Henne ist sehr effektiv, energiesparend und sichert den Wachtelbestand.

Krankheiten

Auch wenn Wachteln gelegentlich nachgesagt wird, sie seien immun gegen Krankheiten, so droht ihnen doch wie allen in Gehegen gehaltenen Tieren manche unvorhersehbare körperliche Beschädigung. Wir müssen immer bedenken, dass wir ihnen trotz aller Bemühungen, eine artgerechte Haltung anzubieten, einen begrenzten Lebensraum zur Verfügung stellen.

Infektionen und Parasiten

In den jahrzehntelangen eigenen Zuchten sind uns ansteckende Wachtelkrankheiten bisher nicht begegnet. Natürlich werden die Wachteln in sauberen Unterkünften gehalten. Deren regelmäßige Reinigung, die Zeiträume hängen sehr stark vom Besatz ab und können deshalb nicht allgemein definiert werden, ist Voraussetzung für gesunde Bestände. Nicht oft genug betont werden kann der Grundsatz in der Wachtelhaltung: Trockene und zugfreie Unterkünfte bieten!

Im feuchtwarmen Milieu, in ungenügend gepflegter Einstreu oder verschmutzten Unterkünften, drohen als am meisten verbreiteten Krankheiten Salmonellose und Kokzidiose sowie Wurmbefall der verschiedensten Arten, besonders mit Haarwürmern und Luftröhrenwürmern. Von erfahrenen Züchtern wird dringend davor gewarnt, Regenwürmer zu füttern, weil diese Wurmeier anderer Wurmarten übertragen können.

Die Bekämpfung von Kokzidien und Würmern sollte normalerweise nur nach durch den Tierarzt nachgewiesenem Befall erfolgen. Bei empfindlicheren Wachtelarten wie beispielsweise der Montezumawachtel oder der hier nicht beschriebenen Berghaubenwachtel und Schuppenwachtel (siehe Foto S. 118) ist eine regelmäßige vorbeugende Behandlung empfehlenswert. Aber auch nach besonderen Stresssituationen wie Transport und Ausstellungen ist eine vorbeugende Behandlung gegen Kokzidiose sinnvoll. Die Medikamente werden vom Tierarzt verschrieben und vielfach auch besorgt.

Für alle Hühnervögel, also auch für Wachteln, ist als Vorbereitung auf Ausstellungen die Impfung gegen die Atypische Hühnerpest, auch Newcastle Disease, ND, vorgeschrieben und nachzuweisen durch das Originalimpfzeugnis. Diese Krankheit ist eine meldepflichtige Viruserkrankung. In kleineren Wachtelbeständen ist eine Impfung gegen ND nicht üblich, aber gesetzlich vorgeschrieben.

Bei Wachteln wenig bekannt ist der Befall mit Milben, die bei anderen Hühnervögeln eine ausgesprochene Plage sein können und dort einer ständigen Bekämpfung bedürfen.

Die Wachtelarten, Haltung und Nutzen

Im Folgenden werden die Wachtelarten genauer vorgestellt, die in Deutschland weit verbreitet sind und bis auf die Strauß- und Montezumawachtel zu den leicht zu haltenden und zu züchtenden Arten gehören. Biologisch gesehen gehören die Wachteln als kleine Vertreter zur Gruppe der Fasanenvögel, zu der auch die Hühner zählen (siehe auch S. 117, Übersicht).

Rechte Seite:
Virginiawachtelhahn in seiner ganzen Pracht.
Auf Anhöhen, Pfosten und Felsbrocken sitzt er gerne, um sein Revier zu kontrollieren und seine Revierrufe erschallen zu lassen.

Chinesische Zwergwachtel *(Coturnix chinensis chinensis)*

Sie ist die kleinste aller Wachtelarten. Ihre Länge beträgt etwa 13 cm. In ihrer Heimat China wird sie seit Jahrhunderten bereits als Ziervogel gehalten. Von den Chinesen wird erzählt, sie trügen Zwergwachteln als Handwärmer im Winter in den Taschen.

Herkunft und Verbreitung

Beheimatet ist die Zwergwachtel in Australien, Indonesien und Südostasien. Ihr Lebensraum umfasst dichtes Grasland, Feldraine und Weideflächen, wo sie alle Bedingungen zum Überleben vorfindet. Nach Europa kamen die Zwergwachteln bereits im Jahre 1794. Der erste Zuchterfolg wurde in Frankreich 1873 gemeldet.

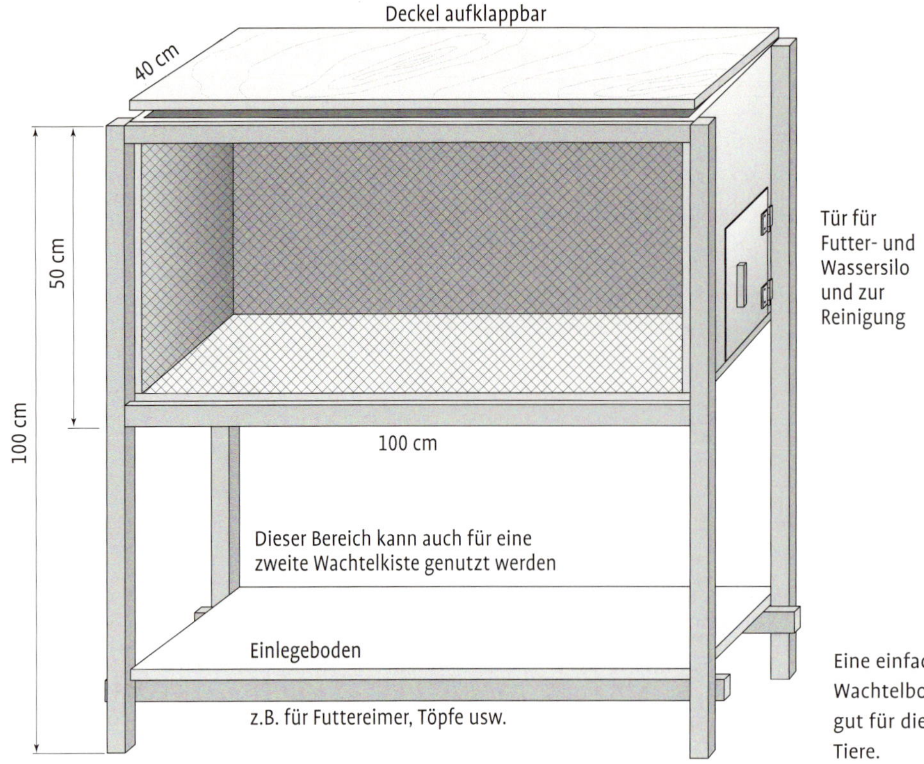

Eine einfache, selbst gebaute Wachtelbox eignet sich sehr gut für die Beobachtung der Tiere.

Unterbringung im Käfig

In Züchterkreisen werden diese Wachteln oft einfach und liebevoll Zwerge genannt. Gegenüber den größeren Wachtelarten benötigen sie weniger Platz und können in relativ kleinen Gehegen gehalten werden. Für ein Paar sollte aber eine Käfig- oder Gehegegröße von 60 × 40 × 40 cm nicht unterschritten werden, je größer desto besser. Damit ist die Zwergwachtel gerade auch für Stadtbewohner, die meist nicht oder nur selten über einen größeren Garten verfügen, zu halten, zu pflegen und zu züchten. Es gibt sogar Wachtelliebhaber, die auf ihrem Balkon liebevoll ihre Zwerge in einem Wachtelgehege pflegen.

Wählen Sie diese Art der Unterbringung nur, wenn Ihre Nachbarschaft einverstanden ist. Denn der Zwergwachtelhahn lässt in der Dämmerung bis in die späten Abendstunden und auch in der Frühe seinen Standortschrei, der ähnlich dem Ruf eines Habichts klingt, weithin hörbar ertönen. Besonders laut und anhaltend wird der Hahn rufen, wenn er keine Henne hat. Hauswände reflektieren den Schall besonders gut und tragen so zur Verstärkung der Wachtelrufe bei.

Weniger problematisch in Bezug auf die typischen Geräusche ist die Haltung in einer Zimmervoliere oder noch besser in einer Gartenvoliere. In dunklen Kellerräumen mit wenig Frischluft und ohne Tageslicht und Sonne, sollten die Zwergwachteln nicht gehalten werden. Dies gilt auch für alle anderen Wachtelarten.

Das Verhalten der Zwergwachteln

Zwergwachteln besitzen unwahrscheinlich viel Energie. Sie können aus dem Stand heraus ungefähr sieben Meter hoch fliegen. Die Landung danach geschieht aber scheinbar mehr unkontrolliert als gezielt.

Von allen Verhaltensweisen der Zwergwachteln soll das Fluchtverhalten besonders beachtet werden. Vor allem in den Nachtstunden sind die Zwergwachteln sehr schreckhaft. Wenn man dann den Raum betritt, in dem die sie untergebracht sind, und das Licht einschaltet, erschrecken sie sich sehr stark, geraten in Panik und fliegen wild durcheinander. Ihre Augen hatten sich an die Dunkelheit gewöhnt und können sich nur langsam auf die plötzliche Helligkeit einstellen. Sie fliegen schlagartig senkrecht in die Luft und können mit dem Kopf gegen die obere Begrenzung der Voliere oder des Geheges prallen, mit Kopfverletzungen als traurige Folge.

Hinweis

Wenn sich Wachteln Kopfverletzungen zugezogen haben, bluten diese in der Regel sehr stark. Man sollte eine solche Wachtel separat setzen, denn sonst picken die anderen Wachteln die Wunde an. Platzwunden am Kopf verheilen bei diesen Vögeln aber erstaunlich schnell wieder. Dann darf die verletzte Wachtel wieder in die Gruppe zurück.

Haustiere wie Katze und Hund sollten nachts nicht an die Voliere oder das Gehege kommen. Aber auch der Züchter und alle Familienmitglieder sollten in ihrem Verhalten auf die Zwerge Rücksicht nehmen.

Zwergwachteln verstecken sich für die Nachtzeit nicht im Unterholz oder in einer Schutzhütte, sondern sie suchen das offene Gelände, weil dieses bei Gefahr bessere Fluchtmöglichkeiten bietet und der Feind früher gesehen wird. Mit einsetzender Dämmerung versammelt sich die ganze Wachtelgruppe zu einer „Solidargemeinschaft" für die Nacht. Sie rücken immer dichter zusammen und formieren sich schließlich zu einem kreisförmigen Stern. Dieser „Wachtelstern" bietet den Vögeln optimalen Schutz gegen anrückende Feinde. Dabei kontrolliert mindestens eine Wachtel in jeder Richtung das Umfeld und so wird ein Feind durch diese Formation immer rechtzeitig wahrgenommen. Je nach Größe der Wachtelgruppe werden für die Nacht auch mehrere „Wachtelsterne" gebildet.

Weil die Wachteln ihren Feinden körperlich unterlegen sind, haben sie sich auf rechtzeitige Flucht spezialisiert. Dadurch sind sie auch sehr schreckhaft und können sich leicht verletzen.

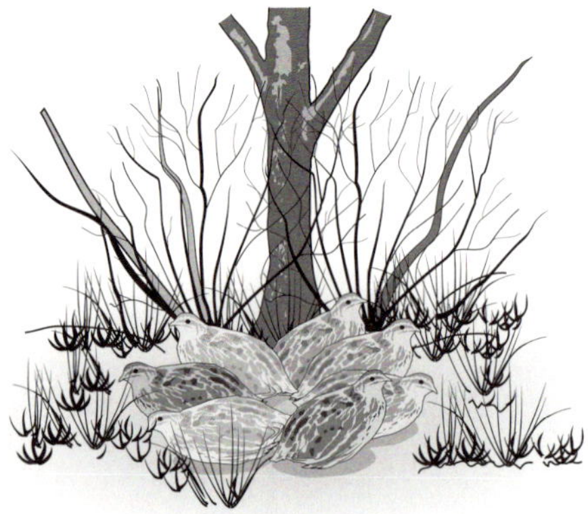

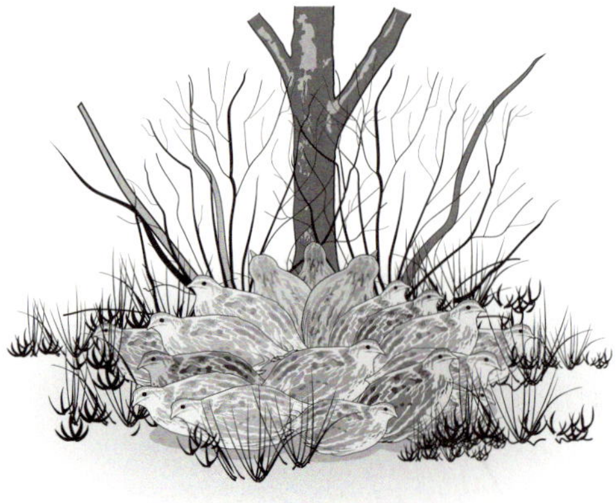

Links oben: Der „Wachtelstern“ – hier schematisch dargestellt – ist die optimale Strategie zur Ortung anrückender Feinde.
Links Mitte und unten: Je nach Anzahl der Vögel kann der Stern größer oder kleiner ausfallen.

Rechts:
Von oben nach unten: Nachtverhalten der Wachteln. Mit einsetzender Dämmerung sammeln sich die Wachteln auf einer Lichtung, rücken langsam immer dichter zusammen und bilden einen Kreis, in dem ihre Schwänze zum Mittelpunkt ausgerichtet sind.
So entsteht eine sternförmige Formation, der sich kein Feind unbemerkt nähern kann.

Wenn es auch am Tage viele Streitereien um Revier und Rangordnung unter den einzelnen Gruppenmitgliedern gibt, so kehren sie für die Dauer der Nacht doch wieder in die Sicherheit des Gruppenverhaltens zurück.

Bei der Klärung der Rangordnung sind die Zwergwachteln nicht zimperlich und so kommt es immer wieder zu Hackverletzungen. Sie entstehen meistens im Alter von etwa acht bis zwölf Wochen, der Zeit, in der die Wachteln geschlechtsreif werden. Es gibt dann vermehrt Rang- und Revierstreitigkeiten, die gnadenlos ausgetragen werden können. Nicht selten wird dann innerhalb von dreißig Minuten aus einer friedlichen Wachtelgruppe eine „Mörderbande". Dabei sind in gleichem Maße Hähne und Hennen beteiligt.

Gerade dieser Streitigkeiten wegen ist es wichtig, die Anzahl der Wachteln auf die Volieren- oder Gehegegröße abzustimmen. Auch das Verhältnis Hähne zu Hennen muss beachtet werden. Zwergwachteln sind monogam. Deshalb wird der ernsthafte Züchter die Wachteln paarweise halten, auch um bessere Zuchtergebnisse zu erzielen. Die Haltung als Trio, ein Hahn mit zwei Hennen, ist ebenfalls gut möglich. Dabei muss der Pfleger aber anfänglich beobachten, ob sich diese drei auch vertragen.

Erkennung der Geschlechter

Die Cellu-Ringe dienen nur der einfachen Kennzeichnung, um die einzelnen Wachteln nach bestimmten Merkmal (Hahn, Henne, Zuchtjahr, Abstammung usw.) zu unterscheiden. Es empfiehlt sich nicht, die Ringe schon viel früher als auf Seite 31 angegeben anzubringen, weil dann die Beine der Wachteln noch zu dünn sind und die Ringe leicht verloren gehen.

Besonders bei den weißen Zwergwachteln helfen die Cellu-Ringe, die Geschlechter zu unterscheiden, denn Hahn und Henne sehen gleich aus. Ältere Hennen lassen sich an ihrer „Glatze" erkennen, während es bei den Jungwachteln äußerst schwierig ist, vom Aussehen her auf das Geschlecht zu schließen. Dann hilft nur der Mehlwurm-Test, um den Hahn am Verhalten zu identifizieren.

Dazu wirft man den Wachteln Mehlwürmer hin. Die Hennen stürzen sich darauf und verschlingen die Würmer sofort. Der Hahn dagegen sieht darin die Möglichkeit, sich mit dem begehrten Wurm bei der Henne beliebt zu machen. Er nimmt den Wurm in den Schnabel und stößt dabei Lockrufe aus. Die Henne kommt angelaufen, nimmt dem Hahn den Wurm aus dem Schnabel und frisst ihn auf. Nun kann der Züchter sicher sein, dass es sich um einen Hahn handelt. Er wird gefangen und beispielsweise mit einem Cellu-Ring einer bestimmten Farbe markiert. Da es die Ringe in vielen Farben gibt, kann man die Wachtel für ein weiteres Merkmal am anderen Fuß mit einer anderen Farbe kennzeichnen.

Japanische Legewachtel *(Coturnix coturnix japonica)*

Die Wildform der Japanischen Wachtel stammt aus Japan, Korea und den nordwestlich angrenzenden Gebieten. Sie zieht sich dort noch jetzt in der kälteren Jahreszeit in wärmere Gefilde im Süden zurück. Ähnlich wie unsere Europäische Wachtel *(Coturnix coturnix coturnix)* lebt sie also als Zugvogel.

In Japan wird sie seit dem 14. Jahrhundert als Ziervogel gehalten und wird seit über 100 Jahren auf hohe Legeleistung gezüchtet. Bei uns spielt sie seit etwa 50 Jahren neben ihrer Haltung in Ziergeflügelvolieren in zunehmendem Maße als kleines Legehuhn mit wohlschmeckenden Eiern und einem delikaten Braten eine Rolle. Sie wandelte sich so zum Nutzgeflügel.

Die Rassen der Japanischen Legewachtel können ebenso wie alle anderen Arten in Volieren gehalten werden. Die Ausführungen darüber bei der Chinesischen Zwergwachteln treffen auch für die Japanische Legewachtel zu, nur mit dem einzigen Unterschied, dass diese wesentlich größeren Wachteln auch mehr Platz benötigen. Das Auftreten verschiedener Farbschläge bietet dem ernsthaften Hobbyzüchter ein weiteres interessantes Betätigungsfeld. Vielfach wird die Japanische Wachtel nicht als Unterart der Wachtel *Coturnix coturnix* sondern als eigene Art angesehen und nennt sich dann *Coturnix japonica.* Möglicherweise geben genetische Untersuchungen in Zukunft Aufschluss über die Verwandtschaftgrade innerhalb der Wachteln.

Haltung in Volieren mit Naturbrut

Wenn eine Henne doch selbst brüten will, was immer wieder vorkommt, sucht sie sich eine geeignete Nistmöglichkeit in der Voliere, bevorzugt eine Stelle, die Deckung bietet und an der sie eine etwa 10 bis 15 cm tiefe Mulde scharren kann. Dann kleidet sie diese Mulde mit Nistmaterial wie Grashalme, Heu, ausgefressene Hirsekolben, Kokosfasern, Federn und Ähnlichem aus. Ihr Gelege umfasst bis zu 12 Eier. Wenn eine wildfarbene Henne im fertigen Nest sitzt, ist sie mit ihrer Umgebung verschmolzen

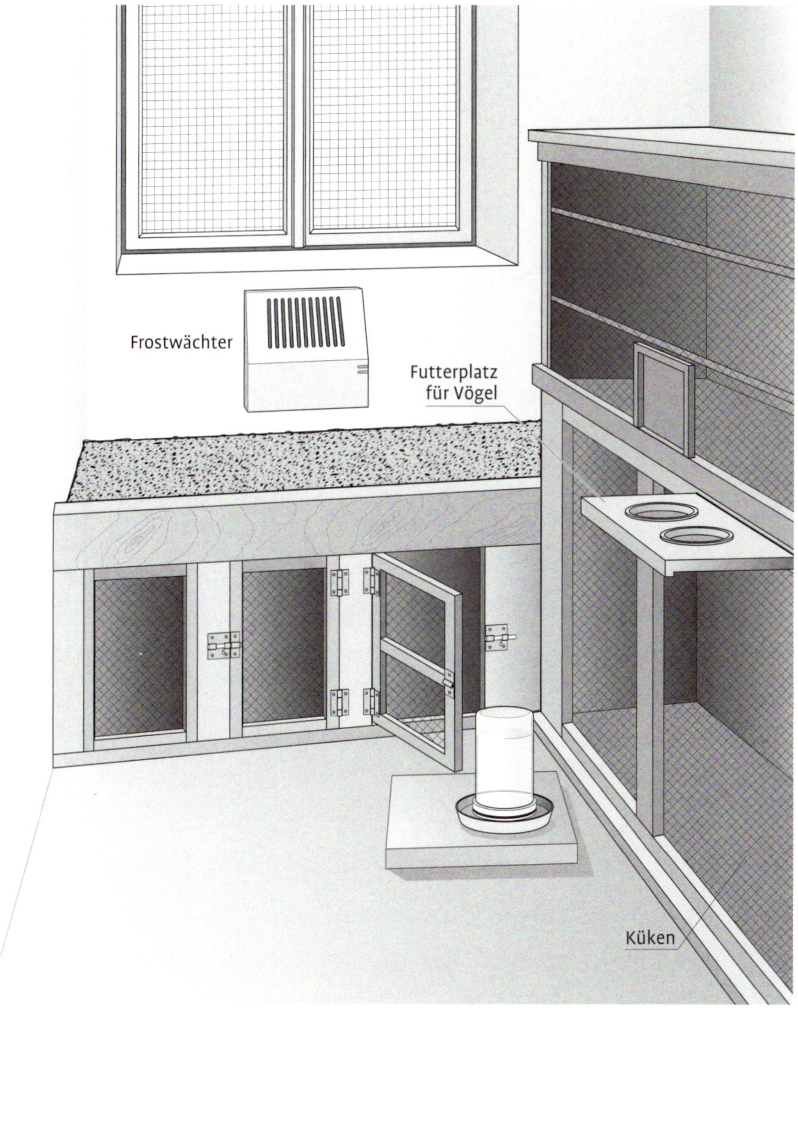

Optimal ausgestatteter Innenraum mit verschiedenen Funktionsbereichen für die Haltung von Wachteln, auch in Gesellschaft mit anderen Vögeln.

Die natürliche Brut und Kükenaufzucht der Legewachtel, von vielen Züchtern als „eher selten“ bezeichnet, ist kein Problem, wenn das Revier und die Nistbedingungen stimmen.

Küken im Gefieder der Legewachtelhenne, das beste Bild für „Geborgenheit“. Solche Anblicke erwärmen die Seele eines jeden Züchters und entschädigen ihn für die Mühen seiner liebevollen Pflege.

und daher kaum zu erkennen. Durch die besondere Färbung und Musterung sind auch die Eier, siehe Bild Seite 44, beim flüchtigen Blick dem ungeübten Betrachter verborgen.

Wie die Zwergwachtel bebrütet die Legewachtelhenne die Eier etwa 16 bis 20 Tage. Meist schlüpfen die Küken genau am 17. Tag. Natürliche Aufzucht durch die Henne und auch Kunstbrut sind bei der Legewachtel und Zwergwachtel identisch (siehe dort). Eine gemeinsame Aufzucht weniger Legewachtelküken mit Zwergwachtelküken ist problemlos möglich. Der Züchter sollte nur darauf achten, dass die Zwergwachtelküken bei der Futteraufnahme nicht von den stärkeren Legewachtelküken unterdrückt werden. Dies betrifft weniger das normale Futter als die zusätzlich gereichten Leckerbissen wie beispielsweise Mehlwürmer. Abhilfe ist durch die Bereitstellung weiterer Futternäpfe leicht möglich.

Nutzrassen der Legewachtel

Die Japanische Wachtel ist die Stammform aller Rassen der Lege- und Mastwachteln. Sie lassen sich einteilen in

1. die **Leichte Linie**, mit einem Körpergewicht von 110 bis 150 g, auf eine hohe Legeleistung gezüchtet, die ursprüngliche Legewachtel bis in die 1960er Jahre,
2. die Legewachtel, ein **Zweinutzungstyp**, auf hohe Legeleistung und einen ansehnlichen Schlachtkörper gezüchtet, mit 160 bis über 200 g Körpergewicht (auch Mast- und Legewachtel genannt),
3. die **Fleischwachtel**, eine spezielle Züchtung mit einem Körpergewicht von 300 bis über 400 g (auch als Mastwachtel bekannt).

Hinweis
Japanische Wachteln sind, auf ihre Leistung bezogen, ein züchterisches Meisterstück. Dies betrifft alle vorhandenen Rassen und Farbschläge.

Leichte Linie: Als Leichte Linie betrachtet werden die ursprünglichen Legewachteln, wie sie viele Jahrzehnte nur für die Eierproduktion gezüchtet wurden. Heute werden sie vor allem in Forschungsinstituten züchterisch bearbeitet, da sie wenig Platz und Futter benötigen. Diese Wachteln sind nur etwa 50 % schwerer als die Wildwachteln. Sie sind von Natur aus gesund, vermehrungsfreudig, leistungsfähig und sparsam im Futterverbrauch. Die Eier sind mit etwa 11 g unwesentlich leichter als die der heutigen Legewachteln. Dazu kommt eine gewisse Unempfindlichkeit gegenüber nicht ganz optimaler Versorgung im weitesten Sinne. Sie legen auch noch, wenn die schwereren Rassen versagen sollten.

Für unerfahrene Anfänger und vornehmlich nur an Wachteleiern interessierte Hobbyhalter und -züchter sind sie eine überlegenswerte Alternative. Besonders als Nebenbesatz in Volierenhaltung macht sich ihr geringer Futterbedarf durch wesentlich geringere Verschmutzung ihrer Unterkunft bemerkbar. In der Hobbywachtelzucht wurde aus dieser Leichten Linie in den 1970er Jahren in den USA eine Rasse gezüchtet, die unter den Namen Italian Golden Speckled und ähnlichen Bezeichnungen bekannt ist. Das erklärte Zuchtziel war neben einer gewissen Zutraulichkeit, hohen Eierleistung, attraktivem Aussehen ein hohes Schlupfergebnis bei Kunstbrut. Gezüchtet wurden sie nur in einem Farbschlag, der genetisch gesehen den Goldsprenkeln der Legewachteln entspricht, aber in der reinerbigen Variante, also Goldene.

Gelege der Legewachtel.

Auch in Deutschland gibt es wieder Interessenten für diese Linie, sie wird dann gern Goldener Vielleger genannt. Diese Vielleger, auch als Wildfarbige gezüchtet, besitzen einen festen Liebhaberstamm, zu dem auch Wachtelhalter gehören, die ihre Lieblinge am Ende deren Daseins sowieso nicht auf dem Teller gebraten sehen möchten. Nicht zu intensiv gehalten, können sie mehrere Jahre alt werden und immer noch Eier legen.

Legewachteln: Die Legewachtel, ein Zweinutzungstyp, wurde früher als „Französische Mast- und Legewachtel", später kurz als „Mast- und Legewachtel" geführt und auch jetzt noch mit dem sehr unglücklich gewählten, weil irreführenden Begriff „Eurowachtel" benannt. Vielfach wird unter Eurowachtel eine Kreuzung zwischen Japanischer und Europäischer Wachtel vermutet. Aber auch dies ist ebenso falsch wie der Begriff an sich.

Die Legewachtel dominiert unseren Bestand an Japanischen Zuchtwachteln. Die Bezeichnung „Französische Mast- und Legewachtel" hätte auch heute noch ihre Berechtigung, da hochwertiges Zuchtmaterial immer wieder aus Frankreich importiert wird. Inzwischen hat sich aber wohl in Deutschland der einfache Begriff „Legewachtel" für diese vorwiegend gehaltene Rasse zunehmend eingebürgert. Er dient der gewichtsmäßigen Abgrenzung nach unten zu den Viellegern und nach oben zu den Fleischwachteln. Ihrer Bedeutung entsprechend befasst sich der größte Teil dieses Abschnittes über das Minihuhn Japanische Wachtel mit diesem Typ der Legewachtel.

Gut im Futter

Insgesamt besitzen alle drei Rassen die Veranlagung für eine sehr hohe Legeleistung. Diese über die Fütterung zu erreichen, ist bei den schwereren Rassen etwas schwieriger als bei den leichteren. Dass der Anteil des Erhaltungsfutters mit steigendem Körpergewicht schneller steigt als das Eigewicht, liegt auf der Hand, die Ursache für den wesentlich höheren Futterverbrauch legender Wachteln.

Fleischwachteln: Sie sind unter der Bezeichnung „Mastwachteln" bekannt. Die Zielstellung in der Zucht ist aber eine Schlachtwachtel mit sehr hohem Fleischanteil, deshalb wird auch eine schwerere Wachtel bevorzugt. Diese Fleischwachteln werden definiert als „fleischige Tiere bei normaler Fütterung" (Köhler D., Wachtelzucht Iden, persönliche Mitteilung). Im Gegensatz dazu werden Mastwachteln mit Treibfutter zwecks schneller Schlachtung besonders gemästet und setzen gern Fett an. Der Unterschied zur normalen Fütterung ist von der Tendenz her der gleiche wie zwischen einem Braten einer Schnellmastgans und dem einer Weidegans. Bei normaler Fütterung verbessert sich die Fleischqualität. Normale Fütterung unter diesem Bezug heißt, ab der vierten Woche nur ein Mischfutter mit etwa 17% Rohprotein einzusetzen. Der Schlachtkörper entspricht dann mehr den Ansprüchen, die an einen delikaten Braten gestellt werden.

Züchterische Beeinflussung der Legeleistung

Die Legeleistung züchterisch zu beeinflussen, erfordert die Haltung einer größeren Anzahl an Paaren oder Hennen in Einzelkäfigen und die Prüfung der Legeleistung und der Qualität der Eier über eine längere Zeit. Nur die besten Hennen werden dann in die Zuchtherde eingestallt. Dieser Aufwand wird, soweit bekannt, in Deutschland nur in Forschungsinstituten betrieben. In gewerblichen Betrieben wird gewöhnlich zusätzlich frisches Zuchtmaterial aus Frankreich eingekauft, das dann auch in die Hobbyzuchten einfließt.

Eier der Legewachtel, jedes in Muster und Farbe ein Original.

In der Hobbyzucht lässt sich eine gute Legeleistung auch leichter erreichen. Neben der sorgfältigen Auswahl der Zuchttiere beim Zusammenstellen des Stammes oder der Herde ist der allgemeine Eindruck, der weiche Legebauch und der Augenausdruck in regelmäßigen Abständen zu überprüfen. Tiere, die nicht vor Gesundheit strotzen, legen oder befruchten auch nicht und sollten sofort geschlachtet werden.

Die Eiqualität der Bruteier ist relativ einfach zu gewährleisten. Das richtige Gewicht, eine gute Schale, eine typische Pigmentierung und die richtige Eiform mit einem etwas spitz zulaufenden Ende sollten Voraussetzung für den Einsatz als Bruteier sein.

Die Bedeutung des Körpergewichtes wird besonders leicht verständlich, wenn man die Entwicklung vom Wildvogel bis zur Fleischwachtel

Tabelle 1. Die Entwicklung der Körper- und Eigewichte

	Körpergewicht	Eigewicht
Wildwachtel	90 g	7,6 g
Vielleger	110 bis 150 g	10 bis 11 g
Legewachtel	160 bis 250 g	12 bis 14 g
Fleischwachtel	300 bis 400 g	13 bis 16 g

sieht. Noch heute kommt die Wildform dieser Wachtel in ihrem Ursprungsgebiet in Südostasien vor. Erst 1988 wurde von JOHNSGAARD die Wildform erneut gesucht und vermessen. Neben dem Körpergewicht von 90 g stellte man ein Eigewicht von 7,6 g fest. Dies ist erstaunlich wenig.

Die kleineren Gewichtsangaben in der Tabelle auf Seite 45 beziehen sich jeweils auf die Hähne, die größeren auf die Hennen. Die Übergänge sind aber fließend, so dienen die Zahlen nur als Richtschnur. Interessant ist sicherlich der Vergleich mit der Europäischen Wachtel, deren Gewicht wird mit 95 g angegeben. Damit sind die beiden als Wildwachtel flugfähigen Unterarten etwa durch das gleiche Gewicht charakterisiert.

Zucht und Reproduktion

Die überwiegende Mehrzahl unserer gehaltenen Wachteln vertreten den mittleren Zweinutzungstyp, die jetzige Legewachtel. Für sie ist ein Eigewicht von 12 bis 14 g typisch; es sollte auch bei der Erhaltungszucht Zielstellung bleiben. Dies ist besonders wichtig, weil die Tendenz besteht, immer größere Wachteln zu halten und die klare Trennung zwischen Legewachtel und Fleischwachtel dadurch umgangen wird. Das Ergebnis sind mittelschwere Wachteln, die zu hohem Futterverbrauch und zur Verfettung neigen. Daraus folgen neben geringerer Legeleistung auch schlechtere Befruchtungs- und Brutergebnisse. Deshalb ist es sehr ratsam, bei einer reinen Legewachtelhaltung (damit sind nicht die Leichte Linie bzw. Goldenen Vielleger gemeint) Hennen über 200 g bei Legebeginn nicht für die Zucht einzusetzen.

Zuchttiere: Beim Tierzukauf ist es sinnvoll, entweder nur Hähne oder nur Hennen zuzukaufen und das Gegengeschlecht aus der eigenen Zucht zu nehmen. Beim Kauf von Zuchttieren sollte man auf möglichst einheitliche Gewichte und gesundes Aussehen der Tiere achten. Üblich ist der Verkauf legereifer Hennen oder Hähne im Alter von etwa sechs Wochen. Bei guter Fütterung legen die ersten Hennen in diesem Alter und zwei bis drei Wochen später bringt die Herde dann die volle Legeleistung. Durch das Umsetzen beim Kauf verzögert sich dies in der Regel aber etwas. Auch bereits legende Hennen machen nach dem Umsetzen erst einmal eine Pause von zwei bis drei Wochen.

Hinweis
Der Bruteierzukauf ist ein probates Mittel, um sich blutsfremde Wachteln auch aus ferneren Gegenden zu beschaffen.

Der übliche Postversand ist in zunehmenden Maße problematisch geworden und nur sehr gut verpackte Bruteier halten den Strapazen eines Versandes stand. Darüber sollte man sich bei Bestellung informieren. Abholung ist deshalb immer vorzuziehen. Der Tierzukauf ist häufig auf Kleintiermärkten oder auch direkt vom Züchter möglich. Hier sollten man sich die angebotenen Tiere gut ansehen und nur einwandfreie Vögel kaufen. Auch über Lebendtierversand, mit allerdings erheblichen Kosten, lassen sich blutsfremde Wachteln besorgen.

Für Legewachteln können die oben angegebenen Bruteigewichte von 12 bis 14 g gelten. Insgesamt sind unsere Legewachtelbestände so leistungsfähig, dass die Legeleistung bereits über regelmäßigen Blutswechsel erhalten bleibt. Etwas anders sieht es bei den Fleischwachteln aus. Hier sollte neben der Bruteiauswahl ähnlich der der Legewachteln ein anderes Problem beachtet werden. Fleischwachteln spalten bei der Zucht im Körpergewicht der Nachkommenschaft sehr stark auf. Das mag daran liegen, dass sie in Deutschland noch nicht so durchgezüchtet sind wie die Legewachteln. Dem steht entgegen, dass auch bei Fleischwachteln aus Bruteiern, die glaubhaft aus dem französischen Mutterland der Mastwachteln stammen, das Gleiche zu beobachten ist.

Legewachteln, artgerecht gehalten.

Will man auf Dauer die Gewichte der Zuchttiere zwischen 300 und 400 g halten, darf man nur die schwersten Wachteln zur Zucht einsetzen. Bei den Hennen ist dies in der Regel etwa die Hälfte, bei den Hähnen muss man wirklich die wenigen Spitzentiere im Gewicht anpaaren. Daraus geht hervor, dass gegenüber den Legewachteln doch etwa die doppelte Menge an Küken produziert werden muss. Der leichtere Teil der Hennen bei Fleischwachteln ist auf jeden Fall zu schlachten, nicht etwa als kräftige Legewachteln abzusetzen. Hier ist es noch wichtiger als bei den Legewachteln, der Befruchtung halber nach drei bis vier Monaten die Hähne gegen jüngere auszutauschen.

Bei den Fleischwachteln muss noch aus einem anderen Grunde mit höheren Bruteier-Stückzahlen gerechnet werden. Erfahrungsgemäß erreichen Fleischwachteln wesentlich kürzere Lebenszeiten als Legewachteln. Drei Jahre, wie bei extensiver Haltung von Legewachteln durchaus möglich, ist für Fleischwachteln nur im Einzelfall und bei Bodenhaltung erreichbar. Aus unterschiedlichen Gründen sind die Verluste höher. In der Mehrzahl der Fälle sind Beschädigungen der Gliedmaßen anzutreffen. Auch die Befruchtung und der Schlupf lassen bei sehr schweren Fleischwachteln schnell nach. Deshalb ist in letzter Zeit die Tendenz erkennbar, diese Wachteln nicht zu schwer zu züchten und sich mit einem Körpergewicht um die 300 g zufriedenzugeben. Die ausgewachsenen Wachteln wiegen dann als Hahn um die 300 g, die Hennen 330 bis 350 g. Dann machen sich auch die oben angeführten Probleme wie mangelnde Befruchtung, ungenügender Schlupf, Verfettung und relativ hohe Tierverluste weniger bemerkbar.

Kunstbrut und Aufzucht

Die Brut beginnt mit der Bruteierproduktion. In der Herde wird auf drei Hennen ein Hahn benötigt. In einer kleinen Gruppe von fünf Hennen genügt ein Hahn, da dieser beim Tretakt nicht von konkurrierenden Hähnen gestört wird. Die Zuchttiere sollten zehn Wochen alt sein und können dann bei intensiver Haltung 20 bis 25 Wochen zur Zucht mit Aussicht auf guten Schlupf eingesetzt werden. Danach sinken Legetätigkeit und Schlupfquote. Natürlich kann auch mit älteren Hennen bis zu einem Jahr, dann möglichst mit ausgetauschten jüngeren Hähnen, gezüchtet werden. Mäßige Schlupfergebnisse von etwa 50 % lassen sich so noch erzielen und der Generationswechsel wird verzögert. Der Austausch jüngerer, aber bereits geschlechtsreifer Hähne kann problematisch werden, weil sie von den Hennen erst einmal verprügelt werden. Setzt man sie bereits im Alter von vier Wochen zu, werden sie als Jungtiere angesehen und weder von den Althähnen, noch von den Hennen bekämpft. Auf diese Weise lassen sie sich gut in eine Herde eingewöhnen. Natürlich müssen die Althähne später entfernt werden.

Mit dem gleichen Brutergebnis von 50 % kann man zufrieden sein bei Bruten aus Eiern, die den Erschütterungen eines Paketversandes ausgesetzt waren, auch wenn sie ursprünglich einwandfreie Bruteiqualität besaßen. Natürlich gibt es auch viele bessere und viel schlechtere Ergebnisse, wenn beispielsweise in Einzelfällen die Eier so stark erschüttert wurden, dass die Entwicklung der Embryos überhaupt nicht einsetzt und die Eier unbefruchtet erscheinen. Durch Transport erschütterte Bruteier sollten 24 Stunden ruhig bei Zimmertemperatur liegen, ehe mit der Brut begonnen wird.

Hinweis
Voraussetzung für eine erfolgreiche Brut sind hochwertige Bruteier. Man erhält sie durch eine qualitätsvolle Fütterung der Zuchttiere und eine optimale Zwischenlagerung der Bruteier.

Trotzdem ist der Versand ein probates Mittel, um relativ preisgünstig an Wachteln aus einem fremdblütigen Stamm zu kommen, denn durch Blutauffrischung lässt sich das Problem der für Wachteln typischen, hohen Empfindlichkeit gegenüber der Inzucht gut lösen.

Eine gute und vielseitige Versorgung der Wachteln mit Proteinen, Vitaminen und Mineralstoffen ist Voraussetzung für hohe Bruteiqualitäten. Näheres dazu beim Kapitel Fütterung Seite 58.

Bruteier: Die Bruteier sind bei einer Optimaltemperatur von 8 bis 13 °C auf der Spitze zu lagern. Wenden ist so nicht unbedingt nötig, bei Lagerung auf der Seite aber zweimal täglich erforderlich. In Hitzeperioden ist die schnelle Lagerung in der angegebenen Temperatur, mindestens aber unter 20 °C zu garantieren, um ein schädliches mehrmaliges Anbrüten der Embryos zu vermeiden.

Ob die Eier während der Brut auf der Spitze stehen oder auf der Seite liegen, hat auf das Brutergebnis keinen Einfluss, auch wenn in der Natur die Eier im Nest ja prinzipiell liegend aufbewahrt und bebrütet werden. Bruteier sollten höchstens zwölf Tage, besser nur sieben Tage alt sein. Ab 14 Tagen sinkt die Schlupfrate rasch.

Ein besonderes Thema ist das Waschen verschmutzter Eier, wie sie besonders bei Bodenhaltung anfallen. Das Waschen der Bruteier ist grundsätzlich zu vermeiden, da der bakterienhemmende äußere Schutzfilm der Eischale zerstört wird. Die Folge ist, dass bei Brutapparat-Temperatur die nun im Ei vorhandenen Bakterien ideale Vermehrungsbedingungen finden und es bald durchdringend nach Schwefelwasserstoff riecht, dem Geruch fauler Eier. Im Gegensatz dazu trocknen nicht gewaschene Eier mit übersehenen Beschädigungen und Haarrissen in der Regel ohne Geruchsbelästigung ein. Für die oft verschmutzten Eier von Wassergeflügel wird empfohlen, den angetrockneten Schmutz mit feinem Sandpapier vorsichtig zu entfernen. Ob dies für Wachteleier auch zutrifft, kann nicht beurteilt werden. Sinnvoll ist es wohl, verschmutzte Eier im eigenen Haushalt zu verbrauchen. Dazu können sie unmittelbar vorher problemlos gewaschen werden.

Hinweis
Die Naturbrut scheidet bei Legewachteln weitgehend aus.
Sie selbst brüten nur in extrem seltenen Fällen. Durch naturnahe Haltungsbedingungen können sie aber dazu im Einzelfall animiert werden.

Kunstbrut in größerem Maßstab: Über die Kunstbrut kleinerer Mengen von Wachteleiern wurde ausführlich bei den Zwergwachteln berichtet. Da aber auch großes Interesse an der Haltung und Erzeugung höherer Anzahlen von Mast- und Legewachteln besteht, wird diese Produktion hier etwas ausführlicher beschrieben.

Die Brutparameter gleichen denen von Hühnern. Bei Schrankbrütern wird vom Hersteller in der Regel eine Temperatur von 37,5 bis 37,8 °C angegeben. Bei normalen Flächenbrütern liegt sie bei 38,3 °C, gemessen an Eioberkante. Flächenbrüter mit Ventilatoren werden in Bezug auf Temperaturen wie Schrankbrüter behandelt, aber gelegentlich gibt es leicht abweichende Empfehlungen vom Hersteller. Vorsicht geboten ist vor zu hoher Temperatur während der ersten Brutwoche. In dieser Zeit werden beim Embryo alle Organe angelegt und bei zu hoher Temperatur kann es zu Missbildungen kommen. Drei Tage vor dem Schlupf ist die Temperatur um 0,2 bis 0,3 °C zu senken, da die Eigenwärmeproduktion des Kükens steigt, außerdem ist das Wenden einzustellen.

Die **relative Luftfeuchtigkeit** sollte bei etwa 60% für die Vorbrut liegen, kann aber einen Regelbereich von 50 bis 65% haben. Gewendet wird bis zum 14. Tag mindestens zweimal am Tag, wenn möglich fünfmal. Das automatische **Wenden** in modernen Apparaten ist sehr sinnvoll, wenn tagsüber niemand im Hause ist.

Kleiner Schrankbrüter.

Die Küken schlüpfen meist am 17. Tag, solche aus älteren Eiern einige Stunden später. Dies tun sie, trotz gegenteiliger Berichte über Synchronisation des Kükenschlupfes, indem sie sich durch Klopfzeichen verständigen. Einige Vorschlüpfer, die einen vollen Tag eher kommen, gibt es meistens. Hilfe beim Schlüpfen, wenn die Eihaut zu zäh ist, ist im Gegensatz zu Hühnerküken bei Wachtelküken gut möglich. Meist stimmen dann die Brutparameter doch nicht ganz, die Küken haben missgebildete Zehen oder liegen falsch. Sehr spät schlüpfende Küken sollte man nicht aufziehen, missgebildete sterben sowieso.

Nach vollendetem Schlupf müssen die sehr empfindlichen Küken bei geöffneter Luftklappe und entfernten Befeuchtungsbehältern oder abgestellter Befeuchtungsautomatik einige Zeit, bis zu 36 Stunden ist dies für die Vorschlüpfer problemlos möglich, im Brutapparat getrocknet werden.

Schlupfbrüter: Für die Vorbrut sind neben den vorhandenen Flächenbrütern verschiedener Hersteller alle Schrankbrüter geeignet. Meist werden für die Wachtelbrut spezielle Bruthorden benötigt. Eine Sonderstellung als Schlupfbrüter nehmen die als Jäger-Kunstglucken deklarierten Flächenbrüter ein. Sie eignen sich ausgezeichnet als Schlupfbrüter. Mit einer Kapazität bis über 200 Wachteleier beim größeren Typ für 80 Hühnereier und einem, über den gesamten Apparat reichenden, transparenten Deckel sind sie hervorragend auch für Stammbrut geeignet. Auch der kleinere Typ für 42 Hühnereier oder etwa 100 Wachteleier kann sehr sinnvoll sein. Es lassen sich gut kleine Drahtrahmen zur Trennung bestimmter Bruteierpartien einsetzen und der gesamte Schlupf ist vortrefflich zu beobachten.

Diese Brüter ahmen weitgehend die Naturbrut nach und werden bevorzugt in Trockenbrut betrieben. Letzteres heißt, die relative Luftfeuchtigkeit liegt beim Schlupf wesentlich niedriger. Dies ist meist ohne jede Wasserzufuhr zu erreichen, es sei denn, sie stehen in sehr trockenen Räumen. Das heißt aber auch, dass alle von anderen Brütern bekannten

Erfahrungswerte hier nur bedingt angewendet werden können. Als Schlupfbrüter bescheren sie einen sehr schonenden Schlupf. Schlupfprobleme wie krumme Zehen und Spreizbeine der Küken reduzieren sich stark oder treten überhaupt nicht auf. Es ist schon erstaunlich, dass diese weit verbreiteten Probleme offensichtlich erst in unzureichenden Bedingungen während der letzten drei Tage der Brut ihre Ursache haben, denn die Vorbrut erfolgt bei mir immer im vollautomatisch funktionierenden Schrankbrüter mit Rollenwendung.

Die Schlupfphase reduziert sich auf wenige Stunden. Die Abstimmung der schlüpfenden Küken untereinander, wie es von der Naturbrut bekannt ist und die dort für einen gleichzeitigen Schlupf auch aus unterschiedlich alten Eiern sorgt, funktioniert offenbar sogar über die Artengrenzen hinweg. Bei einem Versuch mit allerdings nur 60 Eiern schlüpften Zwergwachtel-, Harlekinwachtel-, Legewachtel- und Virginiawachtelküken innerhalb von zweieinhalb Stunden, wobei natürlich die Eier der letzteren sechs Tage eher eingelegt worden waren. Rücksicht auf die unterschiedliche Eigröße war nur insofern genommen worden, als dass die kleineren Eier der Zwergwachteln in der Mitte lagen, wo die Temperatur doch wenige Zehntelgrade höher war als am Rand. Im normalen Schrankschlupfbrüter zieht sich ein Schlupf vielfach über zwei Tage hin.

Aufzucht: Die Aufzucht Japanischer Wachteln, dies trifft aber auch auf alle anderen Wachtelarten zu, kann auf Hobelspänen oder vom ersten Tage an auf Drahtgitter (10 × 10 mm, gut geeignet auch 12 × 12 mm, kunststoffummantelt) erfolgen. Bei Sägespänen besteht die Gefahr, dass die Küken sie fressen. An den Zehen können sich vom vierten Tage an Kotballen festsetzen, antrocknen und während des Wachstums schnell Teile der Zehen abschnüren. Sand wird ebenfalls gelegentlich empfohlen. Auch damit sind Küken schon mit vollem (Sand)Kropf bei vollen Futtertrögen verhungert. Auf Drahtgitter kann dies alles nicht passieren.

Empfehlenswert ist es, unter die Wärmequelle raues Papier, anfänglich besser rauen Stoff oder Teppich zu legen und täglich auszuwechseln. Während der ersten Tage kann es sinnvoll sein, das gesamte Gitter abzudecken. Nach teilweiser Entnahme des Papiers haben die Küken Gelegenheit, immer wieder über das Drahtgitter zu den Futternäpfen ausweichen und verlieren so die anklebenden Kotreste an den Zehen. Nach zwei bis drei Wochen sollte auf größeres Gitter (12 × 12 mm) oder Bodenhaltung umgestallt werden.

Eine weitere Aufzuchtmethode besteht in der Kombination der Aufzucht von vier bis sechs Tagen auf Hobelspänen, danach auf Gitter. Das 12-mm-Drahtgitter wird mit Folie abgedeckt, auf der eine dünne Schicht staubfreier Hobelspäne aufgebracht wird. Nach vier Tagen beginnt die Gefahr der Kot

Hinweis
Die hier angeführten Aufzuchtmethoden eignen sich für kleinere bis mittlere Aufzuchten. Die industrielle Großproduktion wird anders organisiert.

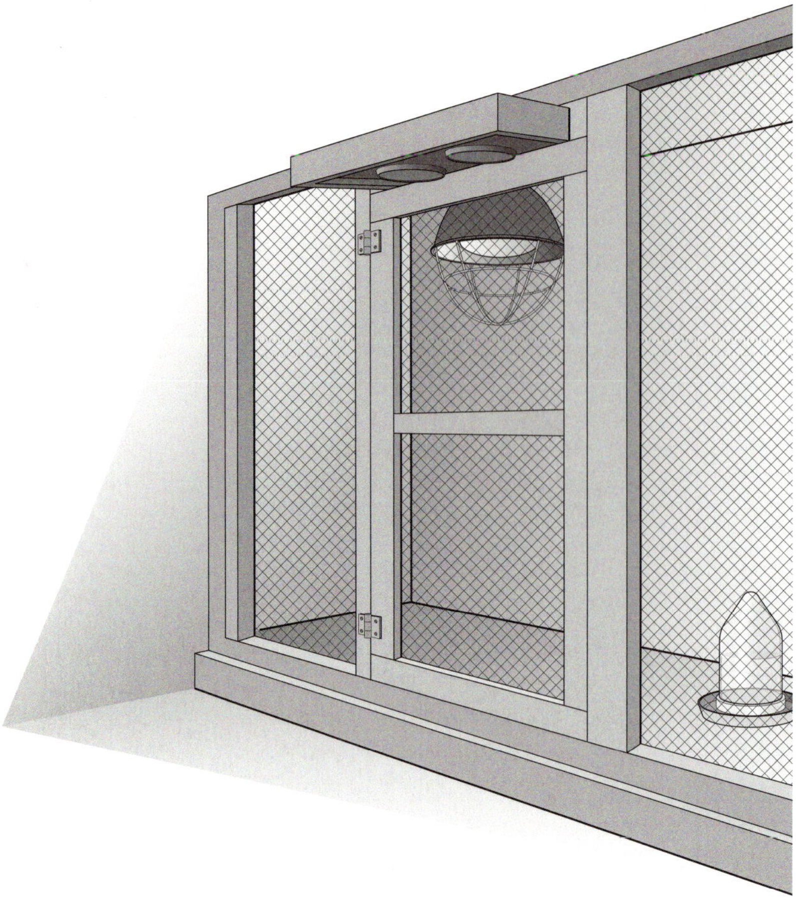

Die richtige Temperatur ist bei der Kükenaufzucht sehr wichtig und kann über verschiedene Wärmequellen und elektrische Steuerungsmöglichkeiten optimal angepasst werden.

ballenbildung an den Zehen. Dann wird einfach die Folie mit der Einstreu entnommen. Mit dieser Methode lassen sich sehr verlustarme Aufzuchtergebnisse erzielen. Sie ist äußerst schonend für die anfangs sehr empfindlichen Beingelenke der Küken.

Die Temperatur unter der Wärmequelle muss in der ersten halben Stunde des Abtrocknens der Küken bei 38 bis 40 °C liegen. Ausweichmöglichkeiten müssen gegeben sein. Danach sind die Küken trocken, der Wärmebedarf lässt von Tag zu Tag nach und je nach Raumtemperatur kann die Heizung im Laufe der dritten oder vierten Woche eingestellt werden. Die Reduzierung der Heizquellenleistung, die meist aus einem Dunkelstrahler oder einem Infrarotstrahler besteht, lässt sich sehr gut stufenlos mit einem Steckdosendimmer regulieren. Gedimmte Birnen brauchen weniger Strom und halten wesentlich länger. Die Gefahr eines Totalausfalles der Wärmequelle mit entsprechenden Tierverlusten, besonders in den ersten Lebenstagen, wird wesentlich verringert.

Fütterung der Küken: Die Fütterung sollte während der ersten drei Wochen mit einem eiweißreichen Mischfutter erfolgen. Der Rohproteingehalt ist maßgebend für die Beurteilung des Mischfutters. Vitamine und andere Wertstoffe sind in der Regel ausreichend vorhanden. Gut bewährt hat sich Putenstarterfutter in Mehlform mit 25 bis 27 % Rohprotein oder auch ein als Aufzuchtfutter deklariertes Futtermittel verschiedener Hersteller mit 26 % Rohprotein. Es ist für den Laien schwierig, für den Kenner der Materie aufwändig, selbst ein Futter zusammenzustellen, das die Qualität der Mischfutter erreicht.

Hinweis
Die Reduzierung der Helligkeit bei Infrarotstrahlern besonders im Hochsommer verhindert weitgehend das Federfressen bei den Küken, das sonst mit etwa zwei Wochen einsetzen kann. Zu viel Wärme und zuviel Helligkeit sind die Hauptgründe dafür.

Gut geeignet sind die meist als Fasanen- und Wachtelfutter deklarierten Mischfuttermittel. Allerdings reicht der teils angegebene Gehalt von etwa 20 % Rohprotein nicht aus, um das Wachstumspotenzial der Wachtelküken vollständig auszuschöpfen. Ähnlich ist es mit Kükenfutter, das nur mit 17 bis 18 % Rohprotein gehandelt wird. Ausreichend bis sehr reichlich Rohprotein haben Aufzuchtfutter für Wildgeflügel (26 bis 35 %) und sind deshalb nur mit großer Vorsicht zu verabreichen.

Mit Magerquark und Eifutter lassen sich auch proteinärmere Futtermittel bei einer geringen Anzahl Küken aufwerten. Eifutter hat eine besondere Bedeutung als hervorragende Protein- und Vitaminquelle, besonders für Küken in den ersten drei Wochen, da in Mischfuttermitteln tierische Eiweißfuttermittel nicht mehr zum Einsatz kommen. In den ersten Tagen sollte man aber damit vorsichtig sein. Bei den in dieser Zeit empfindlicheren Zwergwachtelküken wird anfangs die Zufütterung von Backmohn empfohlen. Er verhindert mit Sicherheit Durchfälle. Seine Fütterung kann auch für Legewachtelküken sinnvoll sein, aber nur in den ersten drei Tagen und dann auch nur eine Teilfütterung. Die Backmohnfütterung ist auch für andere Wachtelarten sinnvoll, da Küken bevorzugt die dunklen Körnchen aufpicken und somit die Nahrungsaufnahme lernen.

Hinweis
Als Wassergefäß dient eine als Fontäne bekannte Vogeltränke oder eine kleine Stülptränke für Hühnerküken mit sehr schmalem Rand. Zu beachten ist, dass alle Wachtelküken gelbe und rote Gefäße bevorzugen.

Das Futter sollte anfangs etwa grießförmig angeboten werden. Eine alte Kaffeemühle kann sehr hilfreich sein, die richtige Konsistenz herzustellen. Sehr schnell fressen die Küken dann aber auch kleinere Pellets.

Anfangs muss das Futter in sehr flachen Schalen geboten werden. Günstig ist es, wenn Futter- und Wassergefäße in den ersten Tagen im Licht stehen. Eine LED-Birne mit geringer Leistung (1 bis 2 W) reicht völlig. So wird gesichert, dass die Küken beides finden, da sie sich zum Licht orientieren. Die Empfehlung, alle Eintagsküken mit dem Schnabel ins Wasser der Tränke zu tauchen, damit sie dieses besser finden, ist Unsinn.

Die Gabe von mindestens einmal täglich frischen Wassers in einer gereinigten Tränke sollte selbstverständlich sein. Die Empfehlung, kleine Steinchen ins Tränkgefäß zu legen (dann in einer flachen Schale), ist grundsätzlich nicht falsch, erfordert aber sehr viel Reinlichkeit bei der Säuberung. Bakterien vermehren sich in solch warmem Wasser enorm stark.

Mit Beginn der vierten Woche sollen die Jungtiere mit einem Übergang bereits mit Legemehl, Kükenaufzuchtfutter oder einem anderen Mischfutter mit niedrigerem Rohproteingehalt gefüttert werden (17 bis 18 % RP). Dieses Futter ist auch für die Mast geeignet.

Zur Eiweißversorgung: Im Zusammenhang mit dem Futter wird sowohl von Eiweiß als auch von Rohprotein gesprochen. Proteine, Eiweiße oder Eiweißstoffe sind Bausteine des Organismus. Jeder kann sich sicherlich unter Eiweiß etwas vorstellen. Als Rohprotein wird handelsüblich der Anteil des Roheiweißgehaltes eines Futters angegeben.

Das Rohprotein wiederum besteht aus 25 verschiedenen Aminosäuren, aus denen im Organismus die notwendigen Körpereiweiße aufgebaut werden, aus dieser speziellen Sicht auch die des Bruteies. Dazu bedarf es ganz bestimmter (essenzieller) Aminosäuren, die in pflanzlichem Eiweiß nicht oder in ungenügender Menge vorhanden sind, im Körper der Vögel selbst nicht gebildet werden und nur über tierisches Eiweiß zugeführt werden können.

Sollen Mischfuttermittel als Grundfutter verwendet werden, müssen wir der Tatsache Rechnung tragen, dass zwar mit dem an sich hochwer-

Haltung zur Eierproduktion

Legewachteln und Fleischwachteln legen 100 bis 300 Eier im Jahr. Um diese unterschiedlichen Leistungsangaben zu verstehen, muss man die verschiedenen Haltungsmöglichkeiten kennen:

1. intensiv auf Drahtrosten, in der gewerblichen Haltung im Ausland mit einer Besatzdichte von 50 bis zu 100 Tieren/m^2, die aber für die Hobbyzucht nicht infrage kommt.

Vorteile

- hohe Besatzdichte auf geringstem Raum mit hoher Legeleistung, Unterbringung in mehreren Etagen möglich
- die Eier können (bei 5 bis 6 % Gefälle) unter dem Futtertrog bei 30 mm Abstand zum Drahtgitter (Fleischwachteln 40 mm) nach vorn abrollen und problemlos sauber eingesammelt werden
- starke Reduzierung bis langjährige Vermeidung parasitärer Infektionen
- geringe Verschmutzung der Eier

Nachteile

- die Besatzdichte entspricht nicht unseren Vorstellungen von tiergerechter Haltung
- das Aussehen des Gefieders leidet wie bei jeder Intensivhaltung

2. extensiv in Volieren in Bodenhaltung, auch als Nebenbesatz auf dem Boden neben anderen kleinen Vögeln und in großen Käfigen.

Vorteile

- die Freude am Tier ist besser realisierbar
- die Wachteln fühlen sich sichtlich wohl und können ihr Temperament voll ausleben, werden bei entsprechender Behandlung auch zutraulich
- Futter kann eingespart werden, wenn die Wachteln teilweise von den Futterresten der Mitbewohner leben

Nachteile

- die Legeleistung ist ohne Beleuchtung wesentlich geringer und auch abhängig von der Jahreszeit
- die Eier werden verstreut verlegt und können verschmutzen
- die Gefahr der Übertragbarkeit von Krankheiten steigt
- besonders Haarwürmer und Salmonellen können bei feuchtwarmem Milieu gefährlich werden, deshalb sind bei Außenanlagen Überdachungen überlegenswert

tigen Sojaextraktionsschrot, der ja die Grundlage für die Eiweißanteile von Mischfuttermitteln darstellt, die Aufzucht und die Fütterung während der Zuchtruhe auch bei den Wachteln gut bestritten werden kann. Für die Erzielung hochwertiger Bruteier sind aber besonders die essenziellen Aminosäuren erforderlich. Wichtig ist deshalb hier eine kurzzeitige Anreicherung des Futters mit tierischem Eiweiß, um die Eiablage (bei allen Wachtelarten außer den Legewachteln) einzuleiten und weiterhin, um die Bruteiqualität zu sichern.

Als Ergebnis aus 100 Jahren Züchtung beginnen die Japanischen Legewachteln auch ohne gezielt verabreichte, höhere Eiweißversorgung zu legen. Diese höhere Eiweißzufuhr ist für sie zu Beginn der Legetätigkeit eher schädlich. Bezüglich der Erreichung der Bruteiqualität gehen sie aber konform mit den anderen Wachtelarten. Geeignete Lieferanten tierischen Eiweißes sind getrocknete Garnelen und Bachflohkrebse (Näheres siehe Seite 58). In Hobbyhaltungen sind in den meisten Fällen Zwischenlösungen zu finden, die die Vorteile der beiden im Kasten links angeführten extremen Haltungsarten vereinen. Es scheint aber gerade deshalb wichtig, auch die Faktoren einer intensiven Haltung zu kennen, um zu wissen, wodurch die Wachtel in der Lage ist, ihre hohe Leistung wenigstens annähernd zu erreichen.

Besatzdichte: Um bessere Haltungsbedingungen zu schaffen, kann die Besatzdichte bei Haltung auf Drahtrosten gesenkt werden. Zusätzlich kann den Wachteln in einem Teil der Batterie oder seitlich angehängt ein Kasten mit feinem Sand angeboten werden, in dem sie sehr gern und oft ein Staubbad nehmen. Außerdem können sie bei Streitereien dorthin ausweichen. Das Staubbad sollte mindestens einmal wöchentlich gereinigt und wieder mit feinem Sand bestückt werden. Allerdings besteht die Gefahr, dass die in den Sand gelegten Eier Haarrisse bekommen und so nur noch zum eigenen Verzehr eignen, nicht mehr zum Verkauf und als Brut- oder Speiseeier.

Die Höhe eines Batteriefaches bei Batteriehaltung sollte auf 20 bis 25 cm begrenzt werden, um Kopfverletzungen durch Auffliegen zu verhindern. Durch eingeschränkte Beleuchtungsintensität werden auch Gefiederbeschädigungen reduziert. Kannibalismus wie bei der Käfighaltung von Hühnern gibt es bei Wachteln vom Grundsatz her nicht. Verluste dieser Art treten nur auf, wenn beim Zusammensperren verschiedener Gruppen die Hackordnung neu geregelt wird. Dies sollte möglichst vermieden werden.

Die meisten Vorteile der Intensivhaltung können mit den oben genannten Veränderungen voll genutzt werden, nur der Raumbedarf steigt auf das Dreifache an. Den Wachteln wird

Hinweis
Volieren müssen zur Vermeidung von Kopfverletzungen beim Auffliegen mindestens ein Meter hoch sein. Bei allen Zwischenlösungen, wie in größeren Käfigen, muss die Decke deshalb weich bespannt werden.

Junge Legewachteln am Futter.

bei einem Besatz von 20 bis 30 Tieren/m^2 eine zumutbare Unterkunft geboten. Wer absolut keinen Drahtboden haben möchte, kann den Vorteil eines geneigten Bodens zur problemlosen Eiergewinnung auch mit nicht zu glatten Lattenböden realisieren, auf denen die Eier ebenfalls vorrollen. Allerdings ist Holz wesentlich unhygienischer als Drahtboden. Die aus der Kaninchenhaltung bekannten Kunststoffstege bleiben zwar sehr sauber, sind aber zu glatt und damit völlig ungeeignet, weil die Wachteln ständig ausrutschen.

Ist genügend Platz vorhanden, lässt sich die Haltung ebenerdig etwa zur Hälfte oder auch weniger auf Drahtboden 12 × 12 mm oder Kunststoffgitter kombiniert mit Bodenhaltung auf Spänen oder Stroh gut organisieren. Auf dem Gitter wird dann die Tränkeinrichtung untergebracht. So wird ein Teil des Kotes und eventuell anfallendes Spritzwasser durch den Drahtboden unschädlich in eine Kotwanne entsorgt. Deren Säuberung und das Wechseln der Einstreu muss natürlich regelmäßig durchgeführt werden. Auch die Anbringung eines Drahtgitters in einem Streifen vor dem Futtertrog hat den gleichen Effekt. Die durch Haltung auf Einstreu schwer vermeidbare Entstehung von Kotballen an den Zehen werden durch diese Teildrahtbodenhaltung stark gemindert, ohne dass die Wachteln sich beeinträchtigt fühlen. Es wurde sogar beobachtet, dass sie auf diesem Drahtboden schliefen.

Hinweis

Der Wachtelmist lässt sich zusammen mit Gartenabfällen, im Winter Hackschnitzel aus der Baumpflege, kompostieren.
Damit gedüngte Gartenbeete brauchen keinen Kunstdünger mehr und alle Zierpflanzen gedeihen prächtig. Der Wachtelhalter entwickelt sich so nebenbei zum Biogärtner.

Bei völliger Drahtbodenhaltung empfiehlt es sich, darunter eine wasserdichte Platte im Abstand von 6 cm anzubringen. Darauf wird eine Kunststoffplane und darauf Zeitungspapier verlegt. Wöchentlich einmal entfernt man den Mist, indem man die Plane herauszieht. Durch das Papier klebt der Kot nicht an.

Eine andere Variante ist die etwas erhöhte Haltung auf einer dicken Schicht von Spänen oder anderer Einstreu in sehr langen und schmalen geteilten Großkäfigen. Durch die Erhöhung wird der Kontakt mit dem kalten Fußboden im Winter vermieden. Beim Einstreuwechsel alle vier Wochen kann jeweils die eine Hälfte gereinigt werden, während sich die Tiere in der anderen aufhalten. Das Suchen der Eier im ganzen Käfig wie bei jeder Einstreuhaltung bleibt natürlich, ebenso die Verschmutzungsgefahr bei den Eiern.

Legenester in Käfigen und Volieren können angeboten werden, sie müssen relativ groß und abgedunkelt sein. Eine empfehlenswerte Größe für Legenester ist 20 × 20 × 16 cm hoch. Auch eine entsprechend abgedeckte Ecke in einer Voliere kann schon reichen. Das Anbieten von Nesteiern ist sinnvoll. Das Verlegen der Eier wird dadurch aber selten ganz verhindert. Es fehlt der weggezüchtete Bruttrieb der Wachteln, der die Nestsuche mit anregt. Nicht angenommen werden Nester, die der geringen Größe der Wachtel angepasst erscheinen.

Geschlechter: Ein Problem, besonders in kleineren Räumlichkeiten, kann die gemeinsame Aufzucht beider Geschlechter sein. Mit Beginn der Geschlechtsreife können sich die Hähne bis zu hohen Verlusten bekriegen. Daher ist die einfachste und meistens gut gehende Lösung, die Hähne gesondert aufzuziehen. Viel hilft es schon, wenn bei einer „Farbmischung" die an der Brustfärbung erkennbaren Hähne abgetrennt werden. Die verbleibenden, vorerst nicht erkennbaren Hähne (Weiße, Schecken und Tenebrosus/Dunkle) können mit den Hennen weiterlaufen.

Immer wieder taucht die Frage der Geschlechtserkennung auch bei diesen Farbschlägen auf. Er erfolgt über einen **Kloakentest**. Die Wachtel wird mit beiden Händen auf dem Rücken liegend gefasst. Bei einem leichten Ziehen mit beiden Daumen erscheint die normale Kloake der Hennen. Bei den Hähnen ist oberhalb der Kloake eine etwa nussgroße Ausstülpung zu finden, aus der bei leichtem Druck weißlicher Spermienschaum austritt, allerdings erst bei Eintritt der Geschlechtsreife. Bei Nachzüglern in der Entwicklung kann dies durchaus erst in der achten Lebenswoche der Fall sein. Deshalb gibt es bei den betroffenen Farbschlägen manchmal Überraschungen.

Licht und Temperatur: Voraussetzung für gesunde Tiere mit hoher Legeleistung ist neben der vollwertigen Fütterung ein Lichtregime von bis zu 16 Stunden/Tag mit geringer Lichtstärke. Bei kleineren Räumen reicht eine 5-W-Sparlampe aus. Nur bei dieser Tageslänge sind die Wachteln in der Lage, die zur Nutzung ihrer angezüchteten, enormen Legeleistung erforderliche Nährstoffmenge aufzunehmen, die dann aber auch in der erwähnten hohen Nährstoffkonzentration zur Verfügung stehen muss.

Die Stalltemperatur spielt nach eigenen Erfahrungen dagegen eine untergeordnete Rolle. Die jetzt vorhandenen Wachtelschläge sind relativ temperaturunempfindlich. Ich lasse in kalten Perioden die Temperatur nicht unter 8 °C Stalltemperatur absinken. Der Hauptgrund für diese Mindesttemperatur ist die sichere Erhaltung der Qualität der Eier als Bruteier. Diese sollten nicht längere Zeit bei Temperaturen unter 5 °C gelagert werden. Unangenehmer für die Tiere sind eher ausgesprochene Hitzeperioden oder eine relative Luftfeuchtigkeit von über 80 %.

Die in Volieren oder anderen Stallungen ohne zusätzliche Beleuchtung vorwiegend mit Körnerfütterung versorgten Legewachteln werden mit zunehmendem Tageslicht von März bis August ohne besondere Fütterung etwa 100 Eier legen und sich davon in der folgenden Mauser erholen. Dieses natürliche Legeverhalten wird von der Tageslänge gesteuert. In drei Lebensjahren können sie, in der Jahresleistung etwas nachlassend, ebenfalls etwa 260 Eier legen, wie intensiv gehaltene Wachteln in einem Jahr.

Wasserversorgung: Sie kann über Nippel erfolgen, besonders gut über an Nippel anschließbare Rundschalentränken. Ebenso bewährt haben sich für größere Wachtelgruppen auch die über Niederdruck zu betreibenden 6 cm breiten Tränkebecken für Nager, die die Jungwachteln bereits ab der dritten Woche gut annehmen.

Fütterung: Grundlage einer richtigen Fütterung der Alttiere ist ein gutes Legehennenfutter. Dieses wird in der Regel für intensiv gehaltene Legehühner produziert und genügt von der Vitaminversorgung her auch intensiv gehaltenen Legewachteln. Für hohe Legeleistungen bei Wachteln muss es mit zusätzlicher, gesonderter Bereitstellung von zerkleinertem Muschelkalk, für Zuchttiere besser mit Mineralstoffgemisch für Geflügel, ergänzt werden. Der Rohproteingehalt des Futters von 17 bis 18 % kann bei erwünschter sehr hoher Legeleistung auf etwa 20 % erhöht werden. Dies erfolgt in größeren Beständen mit teilweisem Einsatz eines höherwertigen Mischfutters beispielsweise mit Garnelenanteil, in kleineren Beständen auch mit einer geringen Eiweißzufütterung aus anderen Quellen wie Magerquark, Eifutter, Joghurt, Garnelen, Insekten, Würmer und ähnlichen, proteinhaltigen Stoffen. Auch die Zufütterung jungen Grünfutters zweimal wöchentlich ist der Vitamine wegen vorteilhaft. Zu viel Grünfutter senkt aber durch die geringe Nährstoffkonzentration ebenso die Legeleistung wie die Zufütterung aller proteinarmer Körnerfutterarten, die völlig gemieden werden sollten. Vor der Zufütterung von Katzen- und Hundefutter wird gewarnt. Trotz hohen Rohproteingehaltes von bis zu 30% beträgt der Anteil tierischer Produkte meist nur mindestens drei Prozent, die zum Teil durch starke Erhitzung beim Produktionsprozess Vögeln als verwertbares Eiweiß nicht mehr zur Verfügung stehen sollen.

Manche Futtermittelhändler bieten ein hochwertiges Legemehlkonzentrat mit 20 bis 21% Rohprotein an. Es ist für Legehennen mit teilweiser Körnerzufütterung konzipiert. Dies ist ein Alleinfutter für Legewachteln, kann aber den Eiweißbedarf bereits überschreiten und muss dann mit normalem Legemehl (17% RP) verschnitten werden.

Dem Mineralstoffgemisch zugesetzt oder extra, kann Kies geboten werden. Diesen brauchen die Wachteln zur Zerkleinerung der Futterkörnchen im Magen. Werden nur Pellets oder mehlförmige Mischfutter gefüttert, ist er allerdings nicht nötig. Manche Legemehle enthalten aber sehr grob geschrotenen Mais und fast ganze Weizenkörner, dann bitte Kies füttern.

Auch das meist als Fasanen- und Wachtelfutter angebotene Mischfutter mit 20% Rohprotein ist ein sehr geeignetes Grundfutter. Es hat aber meist weniger Kalzium als Legemehl. Bei hoher Legeleistung gewinnt hier die Zufütterung von Futterkalk noch mehr an Bedeutung.

Die Fütterung der Fleischwachteln erfolgt ebenso wie die der Legewachteln. Manche Stämme haben aber einen etwas höheren Bedarf an Eiweiß (1 bis 2% mehr Rohprotein im Futter). Bekommen sie dies nicht, lässt die Legeleistung nach und sie neigen zur Verfettung, hier muss also mit viel Gefühl vorgegangen werden. Es kommt auf die Zuchtlinie an und deshalb soll davor gewarnt werden, als Anfänger in der Wachtelhaltung mit Fleischwachteln zu beginnen. Legewachteln sind pflegeleichter und eignen sich generell vorzüglich zum Sammeln von Erfahrungen in der Wachtelhaltung.

Ist das Eiweißangebot – bei allen Japanischen Wachteln – zu hoch, zeigt sich dies über Durchfall mit all seinen Problemen an. Vorher beginnen die Hennen erst zu große, danach Doppeleier zu legen, dann hören sie ganz mit dem Legen auf. Bekommen die Legewachteln zu wenig Eiweiß, werden zuerst die Eier kleiner, danach lässt die Legeleistung nach.

Die bereits zitierten Leistungsangaben von 100 bis über 300 Eier pro Jahr und Henne finden folgende Erklärung: Beide Angaben sind nicht falsch. Eine intensiv gehaltene Wachtelherde legt bei richtiger Fütterung

Wachteleier sind bei Feinschmeckern beliebt und in jeder guten Küche geschätzt. Sie können auf vielerlei verschiedene Weise zubereitet werden und sind dazu noch dekorativ.

und einer Legeleistung von anfangs über 90 % in der Herde abfallend auf 60 % nach einem Jahr etwa 260 Eier/Henne. Tauscht man die Hennen nach 7 bis 8 Monaten Legedauer aus, wie es in gewerblichen Betrieben vielfach der Fall ist, können pro Hennenplatz durchschnittlich mehr als 300 Eier/Jahr produziert werden.

Zum Futterverbrauch der unterschiedlichen Rassen in einem vierwöchigen Zeitraum ergab sich nach eigenen Aufzeichnungen Folgendes: Bei Legeleistungen von über 90 % betrug der Verbrauch einer Legepelletmischung mit 18,5 % Rohprotein bei der Leichten Linie 31,1 g, bei der Legewachtel 41,2 g, bei der Fleischwachtel 49,4 g. Die Menge bezieht sich im Durchschnitt auf alle gehaltenen Tiere, einschließlich der Hähne, pro Tag. Auch wenn richtig gefütterte Fleischwachteln eine ausgezeichnete Legeleistung bringen, so ist die Eierproduktion mit Fleischwachteln entweder ein kostspieliges Hobby oder eine wenig rentable Eierproduktion. Fleischwachteln haben ihre Daseinsberechtigung unter finanziellen Betrachtungen nur als Bruteierproduzenten oder als ansehnliche Braten.

Verwertung der Schlachtkörper und der Eier

Zum Verzehr werden die größeren Schläge mit sechs Wochen geschlachtet, da danach der Zuwachs an Fleisch sehr nachlässt und eine schlechtere Futterverwertung die Folge ist. In der Hobbyhaltung werden vorwiegend die Hähne, auch der leichteren Rassen in diesem Alter verzehrt.

Nach entsprechenden Untersuchungen (Köhler, D.: Ergebnisse der Idener Wachtelzucht, unveröffentlichtes Material) erreichen Legewachteln (der Leichten Linie) bereits mit sechs Wochen ihr Höchstgewicht von 150 g, während die Fleischwachtel im gleichen Alter ein Körpergewicht von 300 g besitzt, das bis zur achten Woche weiter auf 330 g steigt. Ob diese längere Haltedauer wirtschaftlich ist, mag bezweifelt werden, da die Tiere vorwiegend Fett ansetzen.

Nach der **Schlachtung** können die Wachteln gerupft werden, wenn man eine knusprig gebratene Haut bevorzugt. Sie können aber auch, ähnlich wie Kaninchen, abgezogen und im Speckmantel gebraten werden. Dem leicht nach Wild schmeckenden, sehr zarten Wachtelfleisch verleiht eine delikate Füllung, die es in zahllosen Varianten gibt, den richtigen würzigen Geschmack. Auch Kurzgebratenes aus Wachtelbrust ist eine Delikatesse. Wachteln können nach der ersten Legeperiode noch als Bratwachtel verwendet werden, sie sind dann immer noch zarter als manch anderer Braten.

Eierverzehr: Die Chinesische Zwergwachtel und die Japanische Legewachtel sind sehr fleißige Eierleger, die anderen Arten legen vielfach nur zwei oder drei Gelege. Da nicht alle Eier zur Brut verwendet werden, stellt sich die Frage: Einfach wegwerfen? Nein, denn dazu sind sie viel zu wertvoll. Wer sich die Mühe macht und im Internet unter dem Suchbegriff Wachtelei nachschaut, wird staunen, wie vielseitig die Verwendungsmöglichkeiten sind. Sie reichen von der Nutzung als Arzneimittel über die gute Küche mit einer großen Anzahl an Rezepten, dienen als Futter für Eierschlangen bis hin zur kreativen Eiermalerei. Hart gekocht dienen sie vielfach der Garnierung von Salaten, Aufschnitt und kleinen Häppchen. Insgesamt entspricht ihre Verwendung grundsätzlich der von Hühnereiern. Nur als weichgekochtes Frühstücksei sind sie wohl eher ein wenig zu klein.

Europäische Wachtel *(Coturnix coturnix coturnix)*

Die Europäischen Wachteln, wie ihr offizieller Name lautet, werden auch als Feldwachteln, Deutsche Feldwachteln und Europäische Feldwachteln bezeichnet. Die Ringgröße wird mit 4,5 mm angegeben. Eurowachtel, wie sie auch nachlässigerweise genannt wird, ist eine grundsätzlich falsche Bezeichnung für jede Wachtelart oder Artenkreuzung, meistens wird damit aber die Legerasse der Japanischen Wachtel gemeint.

Vielfach wird auch der Lockruf der Hähne Pick-werick (auch Pick-perwick oder Wick, wick-wick) als Artenbezeichnung für die Europäische Wachtel zusätzlich benutzt. Dies ist der Name, unter dem diese Wachteln am besten definiert werden und den Züchter und Halter auch gern benutzen, um ganz sicher zu gehen, dass diese Wachtelart gemeint ist. Außer diesem deutschen Namenswirrwarr gibt es den gleichen bei der wissenschaftlichen Bezeichnung. Sie ist die Nominatform der Wachtelgattung *Coturnix* (Erdwachteln), hat den Artnamen *Coturnix coturnix* (Wachteln) und stellen die Unterart *Coturnix c. coturnix* (Europäische Wachtel) dar. Vielfach werden sie einfach unter *Coturnix coturnix* geführt. Auch bei der Gattung Coturnix gibt es unter den Systematikern unterschiedliche Ansichten. Die anlaufenden DNA-Tests werden in absehbarer Zeit Klarheit schaffen, auch wenn vermutlich sehr vieles völlig neu geordnet werden wird.

Ein markantes Merkmal ist die Augenfarbe, die nur etwa 90 bis 100 g schweren Europäischen Wachteln besitzen rotbraune Augen. Die Japanischen Zuchtwachteln haben dunkle Augen. Sollten also Europäische Wachteln mit dunklen Augen angeboten werden, ist Vorsicht geboten. Einen gewissen Hinweis gibt auch die Eiform und -schalenfärbung. Artenreine Europäische Wachteln legen schlanke Eier mit einer unter der Schierlampe durchsichtigen Grundfarbe mit einem Gewicht von 9 bis 10 g. Die Eier der Japanischen Legewachteln dagegen sind eher rundlich und natürlich schwerer. Der Europäischen Wachtel im Eigewicht und auch im Körpergewicht etwa gleicht die Wildform der Japanischen Wachtel, die jetzt noch im südostasiatischem Raum vorkommt.

Natürliches Vorkommen

Die Europäische Wachtel ist ein Brutvogel in weiten Teilen Europas und natürlich auch in Deutschland. Die letzte bekannte Zahl lautet auf 1400 Brutpaare für Deutschland. Sie ist als jagdbares Wild eingestuft, aber in den meisten Bundesländern ganzjährig geschützt, darf dort also nicht geschossen oder anderweitig in Besitz gebracht werden. Ganzjährig ist natürlich geschmeichelt, denn sie ist der einzige Hühnervogel, der in Deutschland als Zugvogel bekannt ist, den Winter über in Nordafrika verbringt. Nur wenige Monate zum Zwecke der Brut lebt sie in Deutschland. Natürlich ist auch die Entnahme von Eiern verboten. Die Art gehört aber nicht mehr zu den kennzeichnungspflichtigen Vogelarten, wie aus einer in den AZ-Nachrichten Heft 9/2004 veröffentlichten Liste des BNA hervorgeht. Sie muss also nicht mehr beringt werden.

Die Feldwachtel ist selten anzutreffen, 1400 Brutpaare in ganz Deutschland ist eine verschwindend geringe Besatzdichte. Das mag neben der immer dichteren Besiedelung bei uns auch seine Gründe in der Bejagung in den Überwinterungs- und Überflugsgebieten haben. Von Jägern wird berichtet, dass sie von Baden-Württemberg über Oberfranken, Sachsen und Thüringen bis nach Oldenburg und Schwerin als Brutvogel festzustellen ist und vermutlich auch in vielen anderen Gebieten brütet.

Bevorzugte Habitate sind neben niedrigen Gerstenbeständen stillgelegte Ackerflächen und renaturierte Bergbaugebiete. Da solche für diese Wachtel überschaubaren Flächen und bevorzugte Pflanzenbestände zunehmend zur Verfügung stehen, ist mit einer großflächigen Wiederansiedlung ohne Auswilderung zu rechnen. Am besten ist sie zu erkennen an ihrem arttypischen Ruf, der in der Balzzeit ganze Nächte lang zu hören sein soll. Berichtet wurde schon von zehn gleichzeitig rufenden Hähnen am gleichen Standort. Dieser unterscheidet sich sehr deutlich von dem schrillen Ruf der Hähne japanischer Wachteln. Diese natürliche Balzzeit im Mai ist auch die bevorzugte Zeit des ersten Geleges im Gehege, da der Domestikationsprozess der Europäischen Wachteln noch nicht sehr weit fortgeschritten zu sein scheint.

Haltung und Zucht

Nach eigener Erfahrung beträgt die Brutdauer der Eier der Europäischen Wachteln 17 bis 18 Tage. Bei Vorhandensein eines eigenen Reviers in einer entsprechend strukturierten Voliere brüten die Vögel zuverlässig. Liegen einige Eier im Nest, sollte die Fütterung eiweißärmer gestaltet werden durch vorwiegend proteinarme Körnerfuttermittel. Dadurch wird verhindert, dass die Henne zur Dauerlegerin wird und stattdessen der Brutbeginn eingeleitet wird. Das Dauerlegeproblem tritt auch auf, wenn anderen Vögeln in der Voliere Eifutter gegeben wird und die Wachteln damit nebenbei versorgt werden.

Artenreinheit

Leider bestehen manche Bestände aus Kreuzungstieren zwischen Harlekin- und Europäischer Wachtel. Dieses Übel resultiert aus einem offensichtlichen Hahnüberschuss bei der Harlekinwachtel. Am besten zu erkennen sind Kreuzungstiere an der schwarzen Brust- und Bauchfärbung der Hähne, die dann unsauber, also rotschwarz gefleckt erscheint. Nicht so klar unterscheidbar sind die Hennen, aber auch bei ihnen lässt sich an der Brustzeichnung die Artenreinheit erkennen. Die Zeichnung der Brustfärbung ist bei artenreinen Harlekinhennen sehr verwaschen, bei der Europäischen Wachtel dagegen sehr markant. Dazwischen liegende Zeichnungen deuten auch hier auf Artenkreuzung hin.

Ein anderes Unterscheidungsmerkmal ist die Augenfarbe. Die Iris wird bei der Europäischen Wachtel als rotbraun bezeichnet, bei der Harlekinwachtel als gelbbraun. Erkennbare Kreuzungstiere sollten auf keinen Fall zur Zucht eingesetzt werden. Beide Arten sind so gut verbreitet, dass es mit geringem Aufwand möglich ist, sich artenreine Tiere zu besorgen.

Harlekinwachtel *(Coturnix delegorguei)*

Links Hahn, rechts Henne.

Die Harlekinwachteln sind kleine Vögel mit 70 bis 95 g Körpergewicht, deren Heimat der afrikanische und arabische Raum ist. Sie können ähnlich der Chinesischen Zwergwachteln gehalten und gezüchtet werden. Die Brustzeichnung der Henne erscheint ziemlich verwaschen im Gegensatz zur Europäische Wachtelhenne, die eine klarere Brustzeichnung besitzt.

Der Ruf des Harlekinwachtel-Hahnes kann als Schip-schip-schip definiert werden, was die kleinen Kerle in der Erregung auch mehrfach ziemlich lautstark rufen können. Die Hennen rufen ähnlich, aber selten und sehr leise. Selbst frisch geschlüpfte Küken finden diesen Ton schon und sind auch an ihrer auffallend aufrechten Haltung beim Rufen zu erkennen. Die Iris der Augen wird als gelbbraun bezeichnet. Die Eiform ist ebenfalls recht schlank, das Eigewicht liegt bei 8 bis 9 g, die Färbung ist arttypisch recht fein rotbraun gepunktet und gefleckt.

Haltung, Brut und Aufzucht beider Arten

Sowohl die Europäische Wachtel als auch die Harlekinwachtel kommen in ihren Ansprüchen der Chinesischen Zwergwachteln sehr nahe und sind unter ziemlich ähnlichen Bedingungen zu halten und zu züchten. Wer positive Erfahrungen mit Zwergwachteln gesammelt hat, kann durchaus einen Erfolg versprechenden Versuch mit einer dieser Wachtelarten riskieren.

Eine kleine Voliere von 1,5 bis 2 m^2 reicht für ein Paar völlig aus. Da sie nur den Bodenraum bewohnen, können kleinere Vögel verschiedener Arten, die den oberen Luftraum bevorzugen, mit ihnen zusammen gehalten werden, so wie dies auch von den Chinesischen Zwergwachteln gut bekannt ist. Vor der gemeinsamen Haltung mehrerer Paare in größeren Volieren wird allerdings gewarnt. Dagegen ist die Haltung als Trio aus einem Hahn und zwei Hennen möglich.

Immer wieder wird berichtet, dass sich auch mehrere Hennen nicht vertragen sollen. Wie bei den Zwergwachteln relativiert sich diese Feststellung, wenn besonders die Hennen bereits zusammen aufgewachsen sind. Die Haltung zweier Hähne ist aber selbst in sehr großen Volieren problematisch, doch Ausnahmen bestätigen auch hier die Regel.

Bei der **Überwinterung** muss immer beachtet werden, dass die Heimat der Harlekinwachteln im nördlichen Afrika liegt. Andererseits sollen sie dort in Höhenlagen bis 2000 m vorkommen. Ebenso zieht sich die Europäische Wachtel in solche Hochlagen zur Überwinterung zurück. Beide Arten sind in der Gehegehaltung als winterhart anzusehen. Ein frostfreier Innenraum als Alternative zur frostigen Außenvoliere genügt und sollte ihnen als Überwinterungsquartier angeboten werden.

Brut und Aufzucht: Bei der Harlekinwachtel ist etwa mit einer Brutdauer von 16 Tagen, bei der Europäischen Wachtel von 17 bis 18 Tagen zu rechnen. Mit Vorhandensein eines eigenen Reviers in einer entsprechend strukturierten Voliere brüten beide Arten zuverlässig. Natürlich kommt es auch vor, dass das Paar oder das Trio nicht harmoniert oder der Hahn zu temperamentvoll ist. Dann kann es sinnvoll sein, zur Kunstbrut zu greifen, um ein Gelege zu retten. Ebenso ist Kunstbrut hilfreich bei zu großen Gelegen. Die zeitgleich schlüpfenden Küken können dann der Henne untergeschoben werden (siehe Seite 32) und eventuelle Aufzuchtverluste lassen sich so ausgleichen. In den nachfolgenden Generationen spielt es keine Rolle, ob die Zuchttiere aus Naturbrut oder Kunstbrut stammen, denn immer sind die auslösenden Faktoren für den Eintritt der Brutlust und für Nestbau die Möglichkeiten zur Revierbildung für den Nestbau und eine gezielte Fütterung.

Besonders im Frühjahr in Erwartung einer Brut sollten diese Wachteln, wie alle anderen, vielseitig und besonders eiweißreich ernährt werden (siehe Seite 71, Virginiawachtel). Liegen einige Eier im Nest, sollte die Fütterung dann eiweißärmer gestaltet werden, das heißt, eiweißarme Körnerfuttermittel mitfüttern und das Eifutter reduzieren. Dadurch wird das Eintreten der Brutlust unterstützt und mit verhindert, dass die Henne zur Dauerlegerin wird.

Zwergwachtelhahn und -henne als gute Eltern. Beide hudern ihre Küken.

Beide Eltern kümmern sich in der Regel rührend um Gelege und Küken. Trotzdem kann es in den ersten Tagen Verluste geben, vor allem wenn die Aufzucht in der Außenvoliere erfolgt und das Wetter nicht mitspielt. Aber natürlich gibt es auch Ausnahmen. Unter Umständen muss der Hahn vorübergehend entfernt werden.

Die Aufzucht gleicht der der Chinesischen Zwergwachtel. Es ist nun darauf zu achten, dass das Futter wieder eiweißreicher gereicht wird, um eine schnelle Entwicklung der Küken in der Anfangsphase zu unterstützen. Während der ersten drei Tage empfiehlt sich auch bei diesen Arten eine anteilige Fütterung von Backmohn, etwa zur Hälfte, um Durchfallerscheinungen vorzubeugen und die Küken zur Futteraufnahme anzuregen.

Die schnelle Entwicklung der Küken ist genetisch verankert und dient dazu, die Jungtiere in der Natur in einer kurzen Zeit über die Spanne zu bringen, in der sie relativ empfindlich sind. Bewährt hat sich nach wenigen Tagen die Fütterung von Eifutter und kleinen Mehlwürmern in Maßen. Letztere haben den Vorteil, dass sie auch von Anfang an sofort angenommen werden, da vielerlei Insekten in der Wildnis zur natürlichen Kükennahrung gehören und die Jungen sie instinktiv suchen.

Mit etwa zwei bis drei Wochen werden bei Bedarf die Küken mit 4,5-mm-Ringen beringt. Das Futter sollte ab der vierten Woche dann wieder etwas eiweißärmer gestaltet werden. Verschiedene, auch für andere Ziervögel geeignete Futtermittel sind gut einsetzbar. Diese Wachteln sind dabei nicht sehr wählerisch. Diese restriktive Phase der Fütterung ist sehr wichtig. Sie fördert bei etwas verzögertem Wachstum eine gute Entwicklung und Ausbildung des Vogelkörpers, Voraussetzung für eine kräftige Nachzucht, die der erfolgreichen Arterhaltung dient.

Virginiawachtel *(Colinus virginianus)*

Virginiawachteln stammen aus Nordamerika und gehören mit zu den am meisten gehaltenen Wachteln in Deutschland. Sie sind für den Anfänger in der Wachtelzucht die am ehesten geeignete Art aus der großen Gruppe der Zahnwachteln. Alle Zahnwachteln, früher auch Baumwachteln genannt, haben einen sehr kurzen und kräftigen Schnabel. Zahnauskerbungen im Unterschnabel sind namensgebend. Die Virginiawachteln werden lautnachahmend wegen des Rufes unverpaarter Hähne Bobwhite (sprich: Bobwait) genannt und dominieren den Wachtelbestand in ihrer Heimat. Auch bei uns ist der Name Bobwhite gut eingeführt.

Herkunft und Verbreitung

Ihre weite Verbreitung über Nordamerika und angrenzende Gebiete einschließlich umliegender Inseln hat zu einer starken Differenzierung bei den Virginiawachteln geführt. So gibt es nach neuerer Einteilung 20 Unterarten, die in unterschiedlichen Gebieten vorkommen und sich manchmal nur durch die Hahnenfärbung unterscheiden. Die Nominatform heißt exakt *Colinus virginianus virginianus.* Der Name Virginiawach-

Links: Mexikowachtel, Henne, an der hellbraunen Kopfzeichnung zu erkennen.

Rechts: Der Hahn zeigt deutlich die schwarz-weiße Kopfzeichnung.

tel steht aber auch als Sammelbegriff für alle Unterarten und gleichzeitig für die auch als Wildfarbige bezeichnete Unterart mit ihren vielen Farbschlägen. Verbreitet bei uns ist außerdem als Unterart die Mexikowachtel (*Colinus virginianus texanus*), die eine hellere Goldvariante der Virginiawachtel darstellt. Im englischsprachigen Raum, gelegentlich auch bei uns, wird sie dem wissenschaftlichen Namen folgend auch Texaswachtel genannt. Offensichtlich hängt dies mit ihrem ursprünglichen Verbreitungsgebiet in Mexiko und Texas zusammen.

Gattung	*Colinus*	
Art	*Colinus virginianus*	Virginiawachtel
Unterart	*Colinus v. virginianus*	Virginiawachtel (mit Farbschlägen)
Unterart	*Colinus v. texanus*	Mexikowachtel
Unterart	*Colinus v. ridgwayi*	Schwarzmaskenwachtel, auch Ridgwaywachtel

Eine weitere in Europa vorhandene Unterart der Virginischen Wachtel ist die Schwarzmaskenwachtel (*Colinus virginianus ridgwayi*). Die sehr dunkle Kopfzeichung des Hahnes und eine insgesamt rotbraunere Färbung kennzeichnet diese Unterart. Sie ist offensichtlich noch nicht so domestiziert wie die Virginiawachtel, auch nicht so leicht zu züchten und nicht ganz winterhart.

Schwarzmaskenwachtel, Hahn. Er besitzt sehr dunkle Kopfzeichnung und rotbraunes Brustgefieder.

Zuchtformen

Die Virginiawachtel kommt durch ihre enorme Verbreitung und Teildomestizierung in Gehegehaltung bedingt bereits in verschiedenen Farbschlägen vor. Im Internet lassen sich aus den USA, aus England und aus den Niederlanden von verschiedenen Züchtern Mitteilungen und Bilder über die Farbschläge Weiß, Gescheckt, Gestreift (Barred), Silber, Grau, Schwarz, Rot (Red Tennessee), Orange und andere finden. In Deutschland sind sie fast alle sporadisch vorhanden, doch nicht sehr verbreitet. Ebenso gibt es bereits Stämme mit wesentlich höherem Gewicht – faktisch eine Mast-Baumwachtel. Als Rassen sind Wisconsin Jumbo und Indiana Giant bekannt und ansatzweise in Deutschland vorhanden. Eine gewisse Parallele zu den Farbmutanten der Japanischen Legewachtel und auch deren Umzüchtung zur Mastwachtel ist zu erkennen.

Über Vererbung der Farbmutanten waren dagegen weltweit keine Informationen zu finden. Von den Weißen ist bekannt, dass sie autosomal rezessiv vererben (Schnare, J., mündliche Mitteilung). Aus Wildfarbigen können sie also nur fallen, wenn beide Eltern spalterbig in Weiß sind. Die bekannten Roten vererben bei mir dominant. Die vorhandenen Roten sind also meist spalterbig in Rot. Sie spalten demnach in sehr dunkle reinerbig Rote, die bekannten spalterbigen Roten und Wildfarbige auf. Besonders gut zu erkennen sind diese verschiedenen Genotypen unmittelbar nach dem Schlupf. Die reinerbigen Roten haben fast schwarze Beine.

Bei Haltung und Fütterung gibt es keine Unterschiede zwischen Wildfarbigen und den Zuchtformen. Lediglich die Weißen zeigen gelegentlich Vitalitätsprobleme. Vermeidung von Inzestzucht und der Einsatz spalterbiger Tiere sind sicherlich ein probates Mittel dagegen. Dies gilt von der Tendenz her aber für alle Farbmutanten.

Weiße Virginiawachtel.

Eine gewisse Problematik ergibt sich aus der Neigung von Züchtern, die Unterarten und Farbschläge zu kreuzen. Meist erfolgt dies, weil kein passender Partner zur Verfügung steht oder weil Folgen von Inzestzucht drohen. Hier muss man folgende Situation erkennen: Die Verpaarung der Farbmutanten der Virginiawachtel mit hochwertigen Exemplaren der Wildfarbigen mit nachfolgender Rückkreuzung an die gleiche Farbe ist ein sehr geeignetes und an sich das einzige Mittel, die Farbmutanten erfolgreich zu züchten. Da es sich meist nur um ein einzelnes, für die Veränderung verantwortliches Farbgen handelt, ist dieses züchterisch leicht beherrschbar. Unkontrollierte Verpaarungen verschiedener Unterarten und Farbschläge sollten auf jeden Fall vermieden werden.

Die Züchtung von Kombinationen liegt nahe. Das heißt also, zwei verschiedene veränderte Farbgene auf einem Tier zu vereinen. Hier wird aber davon abgeraten, da es bereits sehr aufwändig ist, die Primärmutanten auf ein hohes Niveau zu bringen oder sie dort zu halten. Die Erzüchtung von Farbkombinationen ist innerhalb zweier Generationen praktisch machbar, aber die folgende Erhaltungszucht einer solchen Kombination erfordert mindestens die gemeinsame Arbeit mehrerer Züchter, um auf Dauer erfolgreich zu sein. Sicher ist es sinnvoller, Mutanten mit nur einem mutierten Farbgen auf einem hohen Qualitätsniveau zu züchten.

Haltung und Zucht

Die Virginiawachtel wiegt 140 bis 170 g, die Mastvarianten natürlich mehr, und ist damit etwa so schwer wie eine mittelschwere Japanische Legewachtel. Die Geschlechter sind sehr leicht zu unterscheiden. Die weiße Gesichtszeichnung kennzeichnet den Hahn, bei der Henne ist sie lederbraun. Mit etwa 16 Wochen sind diese Wachteln vollständig ausgefärbt.

Alle Virginiawachteln legen weiße etwas spitze Eier, die Küken schlüpfen nach etwa 23 Tagen. Bei vielseitiger Fütterung sind in der Regel alle Eier befruchtet und schlüpfen auch im Brutapparat recht gut. Es gibt Beobachtungen, dass in der Voliere gelegentlich der Hahn brütet oder die Jungtiere führt und die Henne ein neues Gelege beginnt. Mit zwei bis drei Wochen können die Küken beringt werden, die Ringgröße beträgt 6 mm.

Als Unterkunft dienen Volieren von 3 bis 4 m^2 oder größer mit anschließendem mindestens 1 bis 2 m^2 großem Innenraum. Die Vögel lieben etwas Deckung in Form von Gräsern, Geäst und Baumstümpfen. Die Voliere sollte trocken sein, bevorzugt überdacht. Die Wachteln können in der Balz gegenüber arteigenen Konkurrenten recht streithaft sein, aber auch gegenüber anderen, größeren Vögeln. Gruppen außerhalb der Brutzeit in größeren Volieren bilden nachts einen Wachtelstern, so wie dies auch gelegentlich bei Chinesischen Zwergwachteln zu beobachten ist (siehe Seite 38). In der freien Wildnis scheint diese Art der Übernachtung in sehr großen Gruppen mit Sicherung nach allen Seiten die Regel zu sein.

Der umgangssprachlich übliche Name Baumwachtel wirft immer wieder die Frage auf, ob sie denn nun wirklich aufbaumen. In der Wildnis ist dies nach allen Berichten nicht der Fall, in der Voliere aber schon. Bereits ein niedrig angebrachter Ast (2 bis 3 cm stark) dient gelegentlich als Fluchtort der Henne vor dem Hahn, aber auch als Nachtquartier für beide. Doch auch eine in einer Sammelvoliere für Wellensittiche sehr hoch angebrachte recht dünne Sitzstange wurde als Zufluchtsort schon angenommen. Die Wellensittiche störte dies wenig, sie tummelten sich vorsichtshalber aber auf ihren anderen Sitzmöglichkeiten.

Fütterung

Die Fütterung erfolgt auch hier wieder in drei Phasen. Zur Kükenaufzucht wird ein eiweißreiches Futter während der ersten drei Wochen benötigt, vorzugsweise Putenstarterfutter oder Aufzuchtfutter für Ziergeflügel. Anfangs etwa grießförmig, mit etwas Backmohn vermischt, wird es von den Küken gut aufgenommen. Für die Fütterung der heranwachsenden Jungtiere und der Zuchttiere außerhalb der Zuchtzeit genügt ein Wachtelfutter, das noch mit verschiedenen Körnerfutterarten gemischt werden kann. Als Richtwert kann hier ein Rohproteingehalt von 17 % gelten.

Der erhöhte Eiweißbedarf zur Zuchtzeit ist nicht so hoch wie dies für die Zwergwachteln festgestellt wurde. Der Rohproteingehalt des Futters sollte dann bei etwa 20 % liegen. Dazu sollte zumindest in dieser kurzen Periode als Ergänzung etwas tierisches Eiweiß geboten werden. Mehlwürmer, getrocknete Garnelen und Insekten (bitte nur in kleinen Mengen) leisten sehr gute Dienste. Dazu ist junges Grünfutter in Maßen, etwa zweimal in der Woche, immer ein sinnvolles, weil vitaminreiches Ergänzungsfutter. Etwas Futterkalk sollte in der Legezeit ebenfalls geboten werden.

Straußwachtel *(Rollulus roulroul)*

Eindrucksvolles Kopfporträt des Straußwachtelhahns.

Sie ist eine Schönheit unter den Wachteln und der Hahn ein Gentleman wie kein anderer Wachtelhahn. Straußwachteln sind beheimatet in den Wäldern von Burma, Malaysia, Sumatra und Borneo. Sie leben bis in Regionen von 1200 m Höhe. In kleinen Gruppen von bis zu ungefähr 15 Tieren durchstreifen sie pickend und scharrend die Wälder und suchen den Waldboden nach Nahrung ab. 1871 wurden die ersten Straußwachteln nach Europa importiert.

Wenn man von Wachteln als Ziergeflügel spricht, gehört die Straußwachtel erstrangig und ausschließlich dazu. Und ... sie ist wirklich eine Zier für jede Voliere. Sie ist noch ein wenig größer als die Japanische Legewachtel, misst circa 27 cm bei einem Gewicht von 140 bis 190 g, steht also in der Größe zwischen Wachtel und Rebhuhn. Weil diese Wachtelart weniger bekannt ist, soll sie etwas ausführlicher dargestellt werden.

Merkmale

Straußwachteln sind bunte Waldhühnchen mit langen borstenartigen Federn auf der Stirnmitte, sowohl beim Hahn als auch bei der Henne. Die Beine sind bei beiden Geschlechtern rot und sporenlos, die Augenwachshaut bei beiden Geschlechtern leuchtend rot. Der Hahn trägt außerdem noch einen Büschel rostroter, borstenartiger Federn auf dem Hinterkopf. Quer über den Augen verläuft ein weißes Band über den Scheitel. Das

Oben: Eine aktive Straußwachtelgruppe in der Voliere ist immer wieder eine Augenweide. Die Hähne zeigen sich in ihrem blau-schwarzen Gefieder, mit rostroten Prachtschopf, weißem Stirnband und roter Augenwachshaut.

Unten: Straußwachteln baumen auf. Der junge Straußwachtelhahn hat seinen Schlafplatz für die Nacht eingenommen.

übrige Gefiederkleid ist blauschwarz. Die Flügelenden sind etwas bräunlich gefärbt.

Die Henne ist dunkelgrün gefärbt, hat einen dunkelgrauen Kopf und kastanienbraune Flügeldecken. Die Augenwachshaut ist leuchtend rot gefärbt. Der Schwanz der Straußwachtel ist nach unten gebogen.

Das **Verhalten** der Straußwachteln ist ganz anders als das Verhalten aller übrigen Wachtelarten. Wenn sie in Gruppen unterwegs sind, verständigen sie sich mit kükenartigen Pieplauten. Ihren Standort geben sie mit klagenden „si-il"-Rufen bekannt. Halten sie sich an einem fremden Ort auf, beispielsweise wenn man sie von einem Züchter erworben und nun in die eigene Voliere gebracht hat, sind besonders in den Morgen- und Abendstunden ganze Serien dieser klagenden „si-il"-Rufe zu hören. Sobald sie sich im neuen Revier eingelebt haben, werden die Rufe seltener und bald sind sie die ruhigsten Wachteln in der Voliere. Als nächstes fällt das ganz andere Scharrverhalten der Straußwachteln auf. Zwergwachteln und besonders die Legewachteln scharren wie die Hühner mit schnellen Bewegungen der Beine hinter sich. Die Straußwachtel dagegen verlagert ihr Körpergewicht auf einen Fuß, setzt dann den anderen Fuß nach vorn, drückt ihn auf den Boden und zieht ihn ruckartig zurück.

Haltung

Straußwachteln lassen sich relativ leicht halten. Man sollte sie unbedingt in einer Voliere und nicht im Käfig halten, denn nur in der geräumigen, gepflegten Voliere kann die Straußwachtel ihre ganze Pracht und ihr besonderes Verhalten zeigen und so dem Züchter die größte Freude bereiten. Vom Frühjahr bis Herbst können die Vögel in einer Gartenvoliere bleiben. Weil sie durch ihre Herkunft nicht an unsere Winter angepasst sind, sollten Straußwachteln bei etwa 10 °C überwintern können.

Eine weitere Besonderheit sollte bei der Einrichtung und Gestaltung der Voliere berücksichtigt werden. Weil die Straußwachteln zum Schlafen „aufbaumen", also nicht auf dem Boden schlafen, sollten entsprechende Sitzstangen im oberen Bereich der Voliere angeordnet werden. Bei einsetzender Dämmerung fliegen die Wachteln nach oben und nehmen ihren Schlafplatz auf der Stange oder einem Ast ein.

Ein weiterer Vorzug der Straußwachtel, der dem Züchter besonders viel Freude macht, ist es, dass sie nicht alles, was in der Voliere angepflanzt war, in kürzester Zeit „platt" macht. So lässt sich die Straußwachtelvoliere schön und dauerhaft bepflanzen und es empfiehlt sich auf jeden Fall, ein Extraabteil für die Straußwachteln einzurichten. Als Bodeneinstreu wird Walderde eingebracht, eine kleinere Teilfläche mit Sand aufgefüllt. Als Trennung zwischen den Teilflächen richtet man einen kleinen Wall aus Feld- oder Flusssteinen her. Dann stellt man die ihrem sonnigen oder schattigen Standort gemäß ausgesuchten Pflanzen mit dem Topf an die entsprechenden Stellen und füllt die ganze Teilfläche mit Rindenmulch auf, bis die Töpfe nicht mehr zu sehen sind.

Nestbau, Eiablage und Brut

Im Gegensatz zur Zwerg- und zur Legewachtel legt die Straußwachtel nur zur Brutzeit Eier. Die jungen Straußwachteln vom Sommer sind etwa im Juni des folgenden Jahres geschlechtsreif. Man erkennt dies am Verhalten des Hahnes, der sich hier von seiner besten Seite zeigt. Er fällt nicht über die Henne her, zupft sie auch nicht am Federkleid, nein ... er duckt sich vor ihr flach auf den Boden, neigt den Kopf zur Seite, sperrt den Schnabel weit auf und stößt dabei Schreie aus. Dieses Verhalten kann man über drei Wochen mehrmals täglich beobachten. Später, etwa Ende Juli, wenn die Henne paarungsbereit ist, duckt sie sich nach der Balz des Hahnes und lädt ihn so zur Paarung ein. Diese dauert nur ganz kurz und ist deshalb auch selten zu beobachten. Das Gefieder der Henne wird dabei nicht strapaziert.

Ende Juli beginnen Henne und Hahn mit dem Nestbau. Das Nest wird aus Pflanzenmaterial gebaut, ist oben verschlossen und besitzt einen tunnelartigen Eingang. Beim Verlassen des Nestes zur Futteraufnahme verschließt die Henne den Eingang mit Pflanzenmaterial, damit der Eingang für Feinde unsichtbar wird. Blattzweige, Heu, Schilfgras und ausgefressene Hirsekolben werden als Nestbaumaterial gerne genommen. Zuerst stellen die Vögel eine Bodenmulde her. Danach folgt der haubenförmige Überbau mit Eingangstunnel. Der Hahn schafft das Baumaterial herbei. Dabei nimmt er die Halme mit dem Schnabel auf und wirft sie so lange hinter sich, bis sie nahe genug am Nest liegen bleiben und verbaut werden können.

Der Hahn baut meistens außen am Nest, die Henne innen und im Eingangsbereich. Von Zeit zu Zeit geht auch der Hahn ins Nest und stemmt sich nach oben gegen die Nestkuppel. So entsteht eine perfekte Neströhre. Wenn das Nest nach etwa zwei Tagen komplett erscheint, verschließen die Straußwachteln den Eingang mit Nistmaterial und gönnen sich einen Ruhetag. Am vierten Tag werden sie noch einmal sehr aktiv und geben dem Nest den letzten Schliff.

Wachteleier verschiedener Arten im Vergleich: Straußwachteleier sind weiß, nicht so länglich und am größten. Legewachteleier sind eher länglich, mittel in der Größe und variabel dunkelbraun bis schwarz gepunktet, die Eier der Zwergwachtel lindgrün und braun und am zierlichsten.

Links: Straußwachtelpaar beim gemeinsamen Nestbau. Rechts: Das Gelege der Straußwachtel.

Dann kommt der spannende Augenblick: Die Henne verschwindet für mehrere Stunden im Nest, der Hahn hält davor Wache. Die Henne lässt in dieser Zeit in Intervallen ihre klagenden „si-il"-Rufe hören. Am fünften Tag ab Baubeginn liegt das erste Ei im Nest. Die Henne beginnt nicht gleich mit der Brut. Sie legt jeden zweiten Tag in den Vormittagsstunden ein Ei, bis das Gelege mit bis zu sechs einfarbigen, gelblich weißen Eiern komplett ist. Erst nach dem dritten Ei bleibt sie im Nest und bebrütet die Eier 18 bis 22 Tage lang.

Der Hahn übernachtet wie gewohnt auf seinem Platz auf der Stange. Während der Brutzeit hält er Wache beim Nest und verzichtet sogar manchmal auf das Aufbaumen. Bei Gefahr gibt er stoßweise „dock-dock"-Laute von sich.

Die baldige Eiablage kann der Züchter, sofern er ein geübtes Auge hat und das Verhalten seiner Wachteln kennt, an der typischen Haltung der Straußwachtelhenne erkennen. Sie sitzt mit eingezogenem Kopf ruhig in der Voliere und scheint dicker zu sein als sonst. Es sieht aus, als ob sie die Eiwanderung in ihrem Körper genau verfolgen würde. Einige Zeit, bevor sie dann das Nest zur Eiablage aufsucht, lässt sie ihre klagenden „si-il"-Rufe hören, die sicherlich auch ein Signal für den Hahn sind, der in der Zeit, in der die Henne im Nest sitzt, wachen muss. Er folgt dann auch der Henne zum Nest und bleibt in unmittelbarer Nähe stehen oder er setzt sich still auf den Boden. Die Henne sitzt gut getarnt und wie angewachsen im Nest und brütet. Nur in den frühen Morgenstunden verlässt sie das Gelege um Nahrung aufzunehmen und Kot abzusetzen. Selbst mit den besten Leckerbissen kann man sie sonst nicht von ihrem Gelege locken.

Straußwachtelküken nach dem Schlupf.

Schlupf und Aufzucht

Nach einer Brutdauer von etwa 20 Tagen schlüpfen die ersten Küken. Sie sind rostbraun wie Kastanien gefärbt. Wenn die Küken richtig abgetrocknet und schon etwas fester auf den Beinen sind, dürfen sie mit der Mutterhenne erstmals für ganz kurze Zeit das Nest verlassen. Der Hahn zeigt sich dabei mächtig aufgeregt und stellt sich schützend vor Henne und Küken. Weil die Kleinen noch viel Wärme brauchen, geht es schnell wieder ins Nest zurück und dort unter das Gefieder der Mutter. Beide Eltern kümmern sich in den nächsten Wochen um die Führung und Versorgung der Küken. In den ersten drei Wochen führt die Henne die Küken bei einsetzender Dämmerung wieder ins Nest für die Nacht. Mit acht bis zwölf Wochen sind die Jungwachteln selbstständig und können oder müssen dann wegen sich entwickelnder Rang- und Revierstreitereien von den Eltern getrennt werden.

Montezumawachtel, Hahn, ein Juwel in der Voliere.

Montezumawachtel
(Cyrtonyx montezumae)

Die Montezumawachtel gehört als Art zur Gruppe der Zahnwachteln mit neun Gattungen, die bekannteste Art mit ihrem deutschen Namen jeweils in Klammern:

Colinus (Virginia-Baumwachtel), *Callipepla* (Kalifornische Schopfwachtel), *Oreortyx* (Berghaubenwachtel), *Philortyx* (Bindenwachtel), *Dendrortyx* (Bartwachtel), *Odontophorus* (Guayanawachtel), *Rhynchortyx* (Langbeinwachtel), *Dactylortyx* (Singwachtel) und *Cyrtonyx* (Montezumawachtel).

Der Begriff Zahn- oder Neuweltwachtel beruht auf dem leicht gezahnten Unterschnabelrand der Vögel, beziehungsweise Verbreitungsgebiet Amerika. Diese Vögel vertreten dort die Kleinhühner und Wachteln, haben aber mit letzteren auch verwandtschaftlich wenig gemein. Die Hähne tragen keine Sporen, können vor allem in der Balz laut und ausdauernd rufen und sind gegenüber Konkurrenten und anderen Hühnervögeln recht aggressiv. Vor allem die bei uns eher gehaltenen *Colinus*- und *Callipepla*-Arten besetzen in ihrem ursprünglichen Lebensraum ein trockenes Verbreitungsgebiet, laufen gerne im Geäst und baumen zum Ruhen auf.

Die Montezumawachtelhenne zeigt ein unscheinbares Federkleid.

Das schlicht gefärbte Weibchen im hellbraunen Gefieder sieht der gewöhnlichen Wachtel ähnlich, aber das Männchen ist prächtig gezeichnet. Der Kopf besitzt einen kurzen Schnabel, ist weiß mit schwarzer Zeichnung und hellbraunen, nach hinten liegenden Prachtschopffedern. Der Bauch ist rotbraun und am Rand grauschwarz mit weißen Punkten. Der Flügel ist hellbraun, wobei die Federn schwarze Punkte zieren. Die Beine sind grau. Montezumawachteln werden etwa 180 bis 230 cm groß, ihr Gewicht beträgt circa 176 bis 195 g. Ihr Ruf hört sich an wie trillerndes, abfallendes Wiehern. Da der Ruf nicht laut ist, eignen sie sich gut zur Haltung, ohne Nachbarn zu stören.

Verbreitung und Lebensraum

Die Montezumawachtel bewohnt Gebiete von Südarizona über Neumexiko und Texas bis nach Nordmexiko. Hauptsächlich wird sie entlang der Sierra Madre Berge in den südwestlichen Vereinigten Staaten gefunden. Dort lebt sie in Lagen zwischen 1200 und 2700 m in bergigem, offenen Gras- und Waldland mit Wacholdern, Kiefern und Eichen.

Als Volierenbewohner trifft man sie ganz selten an. Die gemeldeten Nachzuchten von AZ und VZI betrugen im Jahre 2006 gerade einmal rund 25 Tiere. Die Montezumawachtel ist ein verträglicher, stiller und etwas scheuer Volierenvogel. Sie kann ihre Bewegungen bei Gefahr „einfrieren“ und erst im letzten Moment explosionsartig in einem vertikalen Flug flüchten. Die Montezumawachtel ist nicht winterhart und für die Unterbringung ist eine trockene Voliere erforderlich.

Ernährung

Mit ihren kräftigen Beinen kann sie ihre Grundnahrung, bestehend aus Oxalis- und Cyperusknollen sowie Zwiebeln verschiedener Liliengewächse, aus dem Boden scharren. Sie frisst aber auch Cyperngras-Wurzelknöllchen (Erdmandel), Sauerkleeknollen, Eicheln, Brodiaea- und Sonnenblumensamen. Etwa 70 % der Winterernährung besteht aus Pflanzen, der Rest aus Insekten und anderen Gliederfüßlern. Während des Sommers entfällt 40% der Nahrung auf pflanzliche Bestandteile, hauptsächlich Zwiebeln, Cyperngras-, Waldampfer- und Hahnenfuß-knöllchen. Ferner werden Wacholderbeeren, Judaskirschen, Sumach-, *Kallstroemeria*- und verschiedene Erikazeensamen aufgenommen. Während der sommerlichen Regenzeit kommen zahlreiche Insekten, besonders Käfer sowie Schmetterlingsraupen und -puppen hinzu.

Fortpflanzung – Nestbau und Brut

Die Vögel brüten während der Regenzeit im Spätsommer Juni bis September, wie in Sonora, Mexiko beobachtet wurde. Montezumawachteln nisten aus diesem Grund in Bereichen mit ausreichendem Schutz.

Die Nester werden normalerweise mit dünnen Zweigen und Gras als Nistmaterial auf dem Boden gebaut. Die Architektur des Nestes gleicht einer Kuppel mit Einschlupfloch. Beim Verlassen des Nestes verschließen und tarnen Montezumawachteln den Eingang mit Grashalmen. Die Wachtelhenne legt 6 bis 16 Eier, die in Größe, Aussehen und Farbe wie die Eier der Virginiawachtel sind. Sie werden so um die 22 bis 25 Tage

Der Montezumawachtelhahn beim Brutgeschäft im Nest, ein wirklich seltenes Bild.

lang bis zum Schlupf von Henne und Hahn bebrütet. Auch an der Aufzucht der Küken sind beide Eltern beteiligt. Während der ersten Woche zeigen die Eltern den Jungen, wo und wie sie schmackhaftes Futter finden. Sie reichen den Küken häufig besondere Leckerbissen wie beispielsweise Insekten.

Innerhalb einer Woche suchen die Küken unabhängig von den Eltern nach Futter. In zehn bis elf Wochen erreichen die Jungwachteln das Erwachsenengewicht. Nach dieser Zeit sind sie gut entwickelt, können wie die erwachsenen Wachteln fliegen und sind zur Fortpflanzung bereit.

Montezumawachteln sind langlebig und können in menschlicher Obhut bis sieben Jahre alt werden.

Kalifornische Schopfwachtel, Henne (unten) und Hahn (rechts).

Kalifornische Schopfwachtel *(Callipepla californica)*

In Deutschland sind die Kalifornischen Schopfwachteln nach den Virginiawachteln die am weitesten verbreitete Art der Zahnwachteln. Sie sind als Ziergeflügel in vielen Volieren und in manchen Parkanlagen zu finden. Die Vögel erscheinen manchmal etwas nervös, sind aber sehr zuchtfreudig. Schopfwachteln sind winterhart und können ganzjährig in der Gartenvoliere gehalten werden.

Herkunft/Verbreitungsgebiet

Diese Wachteln stammen ursprünglich von der Westküste der USA, von den Hügeln und Tälern Oregons bis zur kalifornischen Halbinsel. Mit viel Erfolg wurden sie in den Staaten Arizona, Washington, Utah, Neu Mexiko und darüber hinaus auch auf Hawaii, Neuseeland, Argentinien und in Chile ausgesetzt.

Beschreibung

Die Schopfwachtel erreicht eine Körperlänge von gut 25 Zentimeter, eine Flügellänge von zehn bis zwölf Zentimeter sowie ein Gewicht von 160 bis 190 Gramm. Die Geschlechter sind anhand der Größe zu unterscheiden, Männchen werden etwas größer als Weibchen. Das Weibchen ist etwas matter gefärbt als das Männchen. Kopf und Obergefieder sind überwiegend bräunlich. Das Kehl-, Brust- und Bauchgefieder weist eine typische schwarzweiße Schuppenzeichnung auf. Die Schuppenzeichnung ist im Kehl- und Brustbereich blaugrau, an der Bauchseite ist sie deutlich dunkler gefärbt.

Bei Männchen kann der Kehlbereich auch schwarz gefärbt sein. Den Oberkopf ziert eine kleine, breite Haube mit Schopf, die eine schwarze Färbung aufweist und mit einem weißen Stirnband eingefasst ist. Das Stirnband fehlt beim Weibchen. Der Schnabel ist kurz und kräftig, die Färbung liegt zwischen grau und dunkelgrau. Beim Weibchen ist die Haube etwas weniger stark ausgeprägt. Die Beine sind bei beiden Geschlechtern grau gefärbt.

Verhalten

Schopfwachteln leben in kleinen sozialen Gruppen, nur selten aber auch paarweise. Die Gruppenstärke kann zwischen 20 und 35 Individuen betragen. Nicht selten schließen sich auch einzelne Gruppen zu regelrechten Schwärmen von einigen hundert Tieren zusammen. Mit Beginn der Paarungs- und Brutzeit lösen sich die Schwärme und Gruppen auf und die Tiere gehen in eine paarweise Lebensweise über.

Schopfwachteln sind ausgesprochen sesshaft und ziehen nur wenig umher. Trotz ihrer recht kurzen Flügel zählen sie zu den guten Fliegern. Im Flug können sie Geschwindigkeiten von über 70 km/h erreichen. Die Normalgeschwindigkeit beträgt allerdings lediglich zwischen 20 und 25 km/h.

Nahrung

Die Schopfwachtel sucht ihre Nahrung am Boden ihres Lebensraumes. Sie ernähren sich vorrangig von Sämereien und gelegentlich auch von Früchten und Beeren. Der Nachwuchs wird anfangs hauptsächlich mit nahrhaften Insekten gefüttert. In der Voliere werden die Schopfwachteln mit verschiedenen Hirsearten (Sittich- und Exotenmischfutter), Hanf, Grassamen, Mohn, gelegentlich Insekten (Mehlwürmer) und Grünfutter ernährt.

Fortpflanzung

Die Geschlechtsreife wird bei den Schopfwachteln mit Beginn des zweiten Lebensjahres erreicht. Die Paarungszeit erstreckt sich in den natürlichen Verbreitungsgebieten über die Monate Mai bis Juli. In der Regel kommt es nur zu einem Gelege im Jahr. Meist werden die Nester in dichter Vegetation errichtet. Dies sind meist sandige Flächen in der Nähe eines Gewässers. Die Nester werden mit weichen Pflanzenteilen ausgepolstert. Die Hähne beteiligen sich sowohl beim Nestbau als auch bei der Aufzucht des Nachwuchses. Vor allem kommt ihnen bei der Verteidigung des Geleges eine große Bedeutung zu. Ein Gelege besteht meist aus 15 bis 25 Eiern. Die Eier sind cremefarben und dunkelbraun gesprenkelt und etwa 3,2 × 2,4 Zentimeter groß. Das Bebrüten erfolgt in der Regel vom Weibchen alleine. Die Küken schlüpfen nach 22 oder 23 Tagen, gelten als Nestflüchter und folgen kurz nach der Geburt den Eltern. Nach rund vier Wochen sind die Jungvögel selbstständig.

Haltung

Wichtig ist eine überdachte, zugfreie Garten- oder Innenvoliere. Schopfwachteln sind empfindlich gegen Feuchtigkeit. Teilweise dichte Bepflanzung sowie freie Bodenfläche lassen zum Scharren in Erde und Sand für Sandbad sind nötig. Schopfwachteln halten sich überwiegend am Boden auf, schlafen jedoch in Bäumen. Da die Schopfwachteln aufbaumen, sind Sitz- und Schlafplätze wie Stangen oder Äste erhöht anzubringen und durch immergrüne Zweige abzuschirmen. Futter-, Trinkgefäße sollten am Boden aufgestellt werden. Gemeinschaftshaltung mit anderen Vogelarten ist möglich.

Die Farbvererbung der Wachteln

Mit zunehmender Domestizierung entstehen bei einigen Wachtelarten durch Mutation völlig neue Farbvarianten, die von interessierten Züchtern eifrig weiter gezüchtet werden.

Rechte Seite: Wildfarbiger Hahn der Chinesischen Zwergwachtel.

Kleine Einführung in die Genetik

Zur Einführung in das etwas heikle Gebiet der Genetik (Vererbungslehre) soll ein Schnelldurchlauf zur Auffrischung vorhandener Schulkenntnisse aus dem Biologieunterricht dienen. Bewusst folgt hier eine einfache und leicht verständliche Darlegung dieses vielschichtigen Themas.

Ein Mensch besitzt nach neueren Forschungen 20 000 bis 25 000 Gene (Erbfaktoren). Diese sind auf 23 Chromosomen (gentragende Kernfäden) verteilt. Japanwachteln haben 39 Chromosomen. Die Anzahl der Gene anderer Wachteln liegt sicher in ähnlicher Größenordnung. Alle Chromosomen kommen paarig vor. Die Nachkommen erhalten jeweils einen Chromosomensatz von ihren beiden Eltern. Bei der Fortpflanzung werden durch komplizierte Teilungsvorgänge (Mitose und Meiose) die Chromosomenpaare getrennt und nur jeweils ein einfacher Chromsomensatz wird über eine Eizelle oder eine Samenzelle an die Nachkommen weitergegeben. Durch die Befruchtung verbinden sich die Chromosomensätze von den Eltern. In der befruchteten Eizelle liegt dadurch wieder ein kompletter doppelter Chromosomensatz vor.

Farben, die geschlechtsgebunden vererben (also auf dem Chromosomenpaar sitzen, das die Vererbung des Geschlechts steuert), sind bei den hier behandelten Wachtelarten bisher nicht bekannt, so brauchen wir uns mit dieser Sonderform der Vererbung nicht beschäftigen.

Alle anderen Chromosomen sind sogenannte autosomal oder frei vererbende Chromosomen. Nur diese sind im Zusammenhang der Farbvererbung bei der Wachtel interessant. Die zueinander gehörigen Chromosomen, die ein Paar bilden (jeweils eines von Vater und Mutter), nennt man homologe Chromosomen.

Auf jedem Chromosom liegen nun hunderte bis tausende Gene aufgereiht, sehr vereinfacht gesagt, für jedes Erbmerkmal eins. Daraus lässt sich ableiten, dass auch für jedes Gen ein Paar (zwei Allele) vorhanden ist, auf jedem der homologen Chromosomen eins. Beide Allele können die gleiche Ausprägung haben. Dann ist der Vogel in diesem Merkmal

Junge Zwergwachteln, Wildfarbig Geperlt und Weiß.

reinerbig. Eines der beiden Allele kann aber auch durch eine Mutation (sprunghafte Erbänderung) eine veränderte Ausprägung besitzen, dann ist der Vogel in diesem Merkmal spalterbig.

Damit kommen wir unseren Wachteln schon wesentlich näher. Wir befassen uns hier ja nur mit Genen, die die Farbausprägung steuern. Dies sind nicht sehr viele und nach bisherigen Erkenntnissen liegen sie alle auf verschiedenen Chromosomen. Damit ist die Voraussetzung gegeben, dass alle frei miteinander kombinierbar sind, denn bei den oben erwähnten Teilungen der Chromosomen werden die Chromosomensätze nach dem Zufallsprinzip aus den einzelnen Chromosomen zusammengestellt.

Es ist zu betonen, dass bereits nur die Veränderung eines einzigen Gens von den Zigtausenden eine neue Farbe erzeugen kann. Mit diesem einen veränderten Gen wird die Grundlage für die Züchtung eines neuen Farbschlages gelegt. Auch nur dieses eine Gen ist es jeweils, mit dem wir uns befassen müssen. Dies ist zwar eine stark vereinfachte Darstellung, sie genügt aber weitgehend, um einen Einblick in die Farbvererbung zu erlangen. Zugegeben sei, dass es auch in der Vererbung insgesamt wesentlich komplizierter zugeht, besonders dann, wenn eine bestimmte Ausprägung von mehreren verschiedenen Genen gesteuert wird.

Das Melanin

Es gibt verschiedene Farbstoffgruppen, Pigmente, die im embryonalen Zustand in die Federzellen einwandern und dort die Färbung des Gefieders bestimmen. Bei den Japanischen Wachteln und den Chinesischen Zwergwachteln haben wir es nur mit einem, dem Melanin zu tun, bei den Virginiawachteln vermutlich ebenfalls. Dieses Pigment kann sich wie folgt ausprägen:

Tabelle 2. Die Melanine

Eumelanin	Phäomelanin
schwärzliche, dunkle, graue, blaue Farben	bräunliche, rötliche, gelbliche Farben

Die Färbung des Federkleides wird durch eine Reihe von Genen gesteuert, die zusammen wirkend insgesamt die Wildfarbe ergeben. Durch Mutation einzelner Gene verändern sich die Farben. In jedem Falle geschieht das durch die Veränderung der Konzentration und/oder der Form des Melanins in den Farbzellen. Eine Erhöhung der Konzentration des Melanins ergibt dunklere, eine Verdünnung ergibt hellere Farben.

Vererbungsmechanismus bei den Gefiederfarben

Reinerbige Wildfarbige miteinander verpaart, werden immer wieder Wildfarbige als Nachwuchs bringen. Die Wildfarbe wird aber nun nicht durch ein einzelnes Gen vererbt, sondern durch das Zusammenwirken einer Vielzahl von Farbgenen. Wie viele dies im Einzelnen sind, lässt sich nur erahnen. Es sind zumindest mehr als insgesamt unterschiedliche Farbmutationen bekannt sind, denn jede einfache Farbmutation entsteht ja durch die Veränderung eines anderen Farbgens.

Die Farbvererbung ist im Einzelnen ein extrem komplexer, sich aus sehr vielen Schritten zusammensetzender und deshalb anfälliger Vorgang. Dadurch kommt es immer wieder zu Fehlern in der Reproduktion der Anlagen zur Wildfarbe, die letztendlich auch zu neuen Farbschlägen führen können.

Verantwortlich für die Vererbung sind Gene (Erbfaktoren), die sich in unterschiedlicher Weise von einer Generation zur anderen vererben können. Wenn ein Farbgen, also ein Gen, das die Farbe bestimmt, verändert wird, sprechen wir von einer Mutation (Erbänderung). Der Grund für eine Mutation kann vielfältig sein. In der Natur wird sie in der Regel durch eine Störung bei der Reproduktion des genetischen Materials hervorgerufen. Ein weiteres Charakteristikum für eine Mutation ist, dass sie sich weitervererbt, also eine dauerhafte Veränderung stattgefunden hat. Ein Lebewesen, das eine solche Erbänderung trägt, nennen wir Mutante. Die Änderung kann sichtbar sein, beispielsweise in Gefiederfarbe oder einer anderen äußerlichen Eigenschaft, aber auch unsichtbar in einer Stoffwechselstörung beispielweise zugrunde liegen. Der Begriff Mutante für ein genetisch verändertes Tier wird unter Ziergeflügelzüchtern wenig benutzt, aber er ermöglicht eine genaue Definition, ob nur eine Erbänderung (Mutation) oder das sichtlich mit einer Erbänderung behaftete Tier (Mutante) gemeint ist. Mutationen können auch unsichtbar vererbt werden, bei Farbmutanten sieht man das züchterische Ergebnis sofort. Alle unsere Wachteln, die einem Farbschlag außerhalb der Wildfarbigen angehören, sind also Mutanten. Korrekt kann man sie noch in Farb- und Zeichnungsmutanten (Schecken) unterteilen.

Rezessive Vererbung

Es gibt unterschiedliche Weisen der Vererbung von Eigenschaften. Verbreitet ist die sogenannte rezessive (zurückweichende) Vererbung. Sie zeichnet sich dadurch aus, dass ein verändertes Gen erst einmal nicht sichtbar wird. Nur wenn es von beiden Eltern vererbt wird, ist es beim Nachkommen doppelt vorhanden und dann sichtbar.

Dazu ein praktisches Beispiel: Silber vererbt bei den Zwergwachteln rezessiv gegenüber Wildfarbig. Ein wildfarbiger Vogel, der ein Silbergen führt, bleibt wildfarbig, ist aber spalterbig in Silber. Erst wenn zwei Elterntiere aufeinander treffen, die beide spalterbig Silber sind, können silberne Jungtiere auftreten. Die Wahrscheinlichkeit, dass dies geschieht, ist zu einem bestimmten Prozentsatz zu erwarten, nämlich nach Zeile 4 der folgenden Tabelle 25 %.

Tabelle 3. Der rezessive Erbgang

Eltern	Nachkommen		
1. Wildfarbig × Wildfarbig	100 % Wildfarbig		
2. Wildfarbig × Wildfarbig/silber	50 % Wildfarbig	50 % Wildfarbig/silber	
3. Wildfarbig × Silber		100 % Wildfarbig/silber	
4. Wildfarbig/silber × Wild farbig/silber	25 % Wildfarbig	50 % Wildfarbig/silber	25 % Silber
5. Wildfarbig/silber × Silber		50 % Wildfarbig/silber	50 % Silber
6. Silber × Silber			100 % Silber

Wie aus Zeile 4 zu sehen ist, fallen aus zwei Spalterbigen nur 25 % als Silberne. Die Wahrscheinlichkeit, dass der Prozentsatz erfüllt wird, ist aber erst bei einer großen Anzahl von Nachkommen zu erwarten. In der Tabelle werden auch alle anderen Verpaarungsmöglichkeiten aufgeführt. Dieser kleine Teil der Mendelschen Erbregeln könnte sicherlich jedem noch aus der Schule in Erinnerung sein.

Genau genommen ist in diesem Fall nicht Wildfarbig dominant, sondern nur das Allel zu Silber. Bevorzugen wir Buchstaben als Kürzel für die Bezeichnung der einzelnen Gene, dann ist s = Silber und S = Wildfarbig, korrekter Nichtsilber.

Solche Mutanten entstehen in den meist relativ eng verwandten Individuen in unseren Hobbyzuchten viel eher als in der Wildnis. Deswegen und weil wir Züchter alles Seltene als hochwertig ansehen und mit viel Liebe aufpäppeln, was in der Natur den strengen Auswahlbedingungen zum Opfer fallen würde, entstehen nach einer Reihe von Generationen, erfahrungsgemäß meist etwa 25, nach und nach bei vielen Vogelarten eine Vielzahl von Farbmutanten. Sehr bekannt und zuerst beobachtet wurde diese Vielfalt beim Wellensittich, Jahrzehnte später erfolgten die gleichen oder ähnliche Mutationen bei zahlreichen anderen Sitticharten. Bei unseren beiden Wachtelarten sind Farbmutanten vornehmlich seit Mitte des letzten Jahrhunderts bekannt und es entstehen laufend weitere.

Auch in der freien Natur geschehen Mutationen ständig, wenn auch vielfach in kleinen Schritten. Sind sie für den Fortbestand der Art nützlich, werden sie sich durchsetzen. Das ist eine der Grundlagen für die Arterhaltung. Sind es aber von der Wildfärbung abweichende Farbmutationen, sind die Tiere oft auffälliger als ihre wildfarbigen Artgenossen und somit für Fressfeinde eher zu finden. So werden solche Fehlfarben schnell wieder ausgemerzt.

Tabelle 4. Die rezessiv vererbenden Farben

Chin. Zwergwachtel	Jap. Legewachtel
Silber	Weiß
Weiß	Gelb
Rehbraun	Rotkopf
Rotbraun	Zimt
Isabell	
Rotbrust	

Dominante Vererbung

Bei dieser dominiert, das heißt überdeckt das mutierte Gen alle andere Gene. Auch hier hat sich anfänglich nur ein Gen verändert, ist also mutiert. Im Gegensatz zur rezessiven Vererbung überdeckt aber die neue Farbe beispielsweise Wildfarbig. Wildfarbig vererbt also hier rezessiv zu z. B. Dunkel, oder Dunkel vererbt dominant zu Wildfarbig. Neu ist, dass bereits eine Wachtel mit nur einem mutierten Gen die neue Farbe zeigt. Man spricht hier auch von einfaktorigen oder eben spalterbigen Vögeln.

Sie sind mit den Spalterbigen bei den Rezessiven bedingt vergleichbar. Vögel mit zwei dominanten Genen nennt man dagegen zweifaktorige Vögel, sie sind reinerbig in dieser dominanten Mutation. Bei den Zwergwachteln kennen wir neben den Dunklen die Perlung und die Scheckung als dominant vererbend.

Tabelle 5. Der dominante Erbgang

Eltern	Nachkommen		
1. Wildfarbig × Wildfarbig	100 % Wildfarbig		
2. Wildfarbig × Dunkel/ wildfarbig	50 % Wildfarbig	50 % Dunkel/ wildfarbig	
3. Wildfarbig × Dunkel		100 % Dunkel/ wildfarbig	
4. Dunkel/wildfarbig × Dunkel/wildfarbig	25 % Wildfarbig	50 % Dunkel/ wildfarbig	25 % Dunkel
5. Dunkel × Dunkel/ wildfarbig		50 % Dunkel/ wildfarbig	50 % Dunkel
6. Dunkel × Dunkel			100 % Dunkel

Die Tabelle 5 zeigt auch hier die verschiedenen möglichen Erbgänge. Kleine Abweichungen vom Schema stehen noch bei der Besprechung des Farbschlages Dunkel. Außerdem ist zu erkennen, dass Wildfarbig zu rezessiven Genen dominant, zu dominanten rezessiv vererbt. Aber es gibt ja das Gen Wildfarbig nicht, sondern nur eines der Gene ist am Prozess beteiligt und das kann unterschiedlich besetzt sein. Trotz dieses scheinbaren Widerspruches stehen hier diese Beispiele, weil sie sehr praxisnah und als Einstieg in die Geheimnisse der Genetik geeignet sind. Als Kürzel müsste hier für Wildfarbig Nichtdunkel (d) als Allel zu Dunkel (D) stehen. Zu den Kürzeln kommen wir später noch.

Tabelle 6. Die dominant vererbenden Farben

Chin. Zwergwachtel	Jap. Legewachtel
Dunkel	Scheckenzeichnung
Geperlt	
Scheckenzeichnung	

Intermediäre Vererbung

Die intermediäre (zwischenelterliche) Vererbung ähnelt stark der dominanten Vererbung. Hauptsächlicher Unterschied ist die Tatsache, dass die einfaktorigen Vögel mit Sicherheit von den zweifaktorigen unterschieden werden können. Die einfaktorige Form steht also im Phänotyp (Aussehen) zwischen beiden Elternteilen, sind aber gut erkennbar. Deshalb wird auch von einer unvollständigen Dominanz gesprochen. Bei den Zwergwachteln haben wir diese Form nicht, aber bei den Legewachteln.

Das bekannte klassische Beispiel hierfür sind bei Mendel die roten und weißen Erbsen, aus denen intermediär die rosa Erbsen entstehen. Als Beispiel sollen die nach den Wildfarbigen am meisten verbreiteten Goldsprenkel bei den Legewachteln dienen. In Anlehnung an die oft benutzte Bezeichnung Goldsprenkel soll das mutierte Gen Gold heißen. Die Goldsprenkel sind die einfaktorigen oder spalterbigen, die Goldenen sind die zweifaktorigen oder reinerbigen Wachteln.

Hinweis
Wer sich gezielt mit der Zucht der Farbkombinationen bei Wachteln beschäftigen möchte, sollte sich unbedingt ein wenig eingehender mit der Vererbungslehre befassen.

Tabelle 7. Der intermediäre Erbgang

Eltern	Nachkommen		
1. Wildfarbig × Wildfarbig	100 % Wildfarbig		
2. Wildfarbig × Gold		100 % Goldsprenkel	
3. Wildfarbig × Goldsprenkel	50 % Wildfarbig	50 % Goldsprenkel	
4. Goldsprenkel × Goldsprenkel	25 % Wildfarbig	50 % Goldsprenkel	25 % Gold
5. Gold × Goldsprenkel		50 % Goldsprenkel	50 % Gold
6. Gold × Gold			100 % Gold

Die drei angeführten Tabellen über die Vererbung sind sehr praxisnah aufgestellt. Durch die Tabelle 9 auf Seite 92 soll verdeutlicht werden, wie die Wildfarbe sich aus mehreren Genen zusammensetzt. Der Übersicht halber sind hier nur drei mutierte Genpaare der Zwergwachteln genannt. Die Tabelle kann aber durch die Aufnahme weiterer Farbgene beliebig erweitert werden. Wir sehen bei Wildfarbig drei nicht mutierte Genpaare: Nichtsilber (SS), Nichtweiß (WW) und Nichtdunkel (dd). Durch die Mutation eines oder mehrerer Gene entstehen dann die angegebenen Mutanten, darunter auch die Kombination von Silber und Dunkel. Die jeweils mutierten Gene werden durch Fettdruck hervorgehoben.

Tabelle 8. Die intermediär vererbenden Farben

Chin. Zwergwachtel	Jap. Legewachtel
Keine	Gold
	Tenebrosus/Dunkel
	Silber

In der letzten Spalte steht als Beispiel eine Weiße, die reinerbig in Weiß, Silber und Dunkel ist, trotzdem erscheint sie nur weiß (Begründung siehe Scheckenzüchtung Seite 93). Diese Tabelle kann beliebig mit anderen Farbgenpaaren und spalterbigen Möglichkeiten erweitert werden. Hier soll nur das Prinzip erläutert werden.

Nach der Tabelle lässt sich auch erklären, warum beispielsweise aus der Paarung Silber (ssWW) × Weiß (wwSS) wildfarbige Küken fallen können. Sind die Eltern reinerbige Mutanten, so haben alle Nachkom-

Tabelle 9. Gentabelle

Wildfarbig	SS	WW	dd
Wildfarbig/spalterbig silber	S**s**	WW	dd
Silber	**ss**	WW	dd
Dunkel spalterbig	SS	WW	**D**d
Dunkel reinerbig	SS	WW	**DD**
Dunkel-Silber	**ss**	WW	**DD**
Weiß	SS	**ww**	dd
Weiß 2	**ss**	**ww**	**DD**

men den Genotyp SsWw und sind somit Wildfarbige. Natürlich sind alle spalterbig in Silber und Weiß.

Mit einer solchen Paarung lässt sich gleichzeitig feststellen, ob zwei Mutanten auf echten Mutationen beruhen. Ist es so, können bei Reinerbigkeit in ihrer jeweiligen Farbe nur Wildfarbige fallen, bei eventueller Spalterbigkeit vornehmlich Wildfarbige. Ist das nicht der Fall, handelt es sich vermutlich nicht um verschiedene Mutationen, sondern sie erscheinen nur durch Auslese unterschiedlich.

Farbkombinationen

Bei der Chinesischen Zwergwachtel treten wie bei vielen anderen Arten Farbmutanten auf, die in zwei oder mehr rezessiv vererbenden, mutierten Genen reinerbig sind oder auch gemischt mit dominanten Genen.

Hier kommen wir zum Problem der Schreibweise. Es soll der zunehmenden Tendenz gefolgt werden, dass in der Bezeichnung die Hauptfarbgene mit Bindestrich vereint genannt werden, dominante werden vorangestellt. Die Farbe wird vor die Zeichnung gestellt. Unabhängig davon gibt es aber auch umgangssprachliche Bezeichnungen, die mit angeführt werden, wenn sie sehr verbreitet sind. Eine solche ist Elfenbein. Ebenfalls werden bei den Farbschlägen anerkannte Bezeichnungen auf Ausstellungen, die nicht den genetischen Zusammenhängen folgen, in Klammern gesetzt mit angeführt.

Elfenbein als Beispiel ist eine Kombination aus Silber und Rehbraun, wird genetisch korrekt also Silber-Rehbraun genannt. Zwei verdünnende Faktoren ergeben gemeinsam eine extrem aufgehellte silberne Mutante. Weiterhin kombiniert mit den beiden dominanten Genen Geperlt und Schecke, ergeben sich Silber-Rehbraun-Geperlt-Gescheckt, umgangssprachlich etwas kürzer auch Elfenbeingeperlte Schecke genannt. Es ist also ein Vierfachkombination. So etwas zu züchten, erfordert schon einige Kenntnisse in der Vererbungslehre.

Erwähnenswert sind weiterhin die Kombinationen Dunkel-Silber (Silber ohne Maske) und deren geperlte und gescheckte Form. In den USA werden vor allem in Kombination mit Dunkel vielerlei Kombinationen gezüchtet und angeboten. Schön sehen sie alle nicht aus, aber das ist Geschmackssache.

Bei den Japanischen Wachteln werden meines Wissens nur Kombinationen von Schecken in verschiedenen Varianten mit allen vorhandenen Farbschlägen gezüchtet. In letzter Zeit tauchen aber auch vereinzelt Gesprenkelte in verschiedenen Farben auf. Es kann sich um Kombinationen von Goldsprenkel mit Silber oder Tenebrosus handeln.

Scheckenzüchtung

Da Schecken sowohl bei den Zwergwachteln als auch bei den Japanwachteln vorkommen und die Vererbung etwas kompliziert ist, hier dazu etwas Grundsätzliches. Es gibt im Vogelreich eine Vielzahl an Möglichkeiten, wie Schecken durch genetische Defekte entstehen können. Beide hier behandelten Wachtelarten verhalten sich in dieser Beziehung nahezu identisch. Der einzige Unterschied besteht darin, dass bei den Zwergwachteln aus spalterbigen Schecken Reinweiße herausspalten, während es bei den Japanwachteln fast immer nur Hellschecken werden.

Die farbliche Grundlage ist ein rezessives Weiß mit dunklen Augen. Alle Schecken besitzen dieses Genpaar reinerbig. Es verhindert die Synthese aller Farbstoffe im Gefieder. Ursächlich hängt dies damit zusammen, dass im Embryo alle Pigmentzellen, in denen das Melanin gebildet wird, durch einen genetischen Defekt nicht in der Lage sind, in die Feder-

Dunkler Zwergwachtelhahn, zu beachten: der rote Unterschwanz, das Merkmal des Hahnes ohne Maske.

zellen einzuwandern und das Melanin an diese abzugeben. Durch die Lichtbrechung in den „leeren“ Zellen bleiben die Federn weiß.

Aber kein Defekt ist vollkommen. An bevorzugten Stellen im Gefieder wird die Verhinderung der Ausfärbung durchbrochen und es entstehen farbige Federfluren. Diese bevorzugten Stellen sind bei der Japanwachtel Kopf und Rücken, bei der Zwergwachtel kommen noch sich nach unten ausdehnende Flügelansätze hinzu. Bei der Japanwachtel entstehen so die Hellschecken, bei der Zwergwachtel wird auf Schönheit in der Weise gezüchtet, dass sich die farbigen Felder ausdehnen und etwa 50 % des gesamten Gefieders einnehmen. Genaueres ist in den entsprechenden Beiträgen bei den Farbschlägen zu finden.

Bei beiden Wachtelarten entstehen aber auch Dunkelschecken. Besonders durch das Anpaaren farbiger Vögel an Schecken bleibt bevorzugt der Brustlatz weiß, während das übrige Gefieder farbig erscheint. Diese Latzzeichnung greift gern auf den gesamten Bauchbereich über.

Alle Scheckenvarianten können in allen vorhandenen Farbschlägen vorkommen. Die Farbgene verschwinden nicht durch das rezessive Weiß, sondern sind an den gefärbten Federfluren deutlich zu erkennen. Auch eine reinweiße Wachtel hat ein volles Spektrum an Farbgenen und vererbt diese. Wir müssen also die Vererbung der Scheckung von der der Farben völlig trennen.

Die Vererbung der Scheckung erfolgt dominant über das rezessive Weiß. Paaren wir also Schecke × Schecke, werden überwiegend Schecken entstehen, allerdings mit einer starken Streuung der Scheckung. Gut durchgezüchtete gescheckte Stämme vererben die Zeichnung auch relativ gut. Sobald aber zur Vermeidung zu enger Inzucht andere Schecken, aber auch weiße oder passende farbige Tiere eingekreuzt werden, ist eine starke Aufspaltung die Regel. Das wird besonders deutlich, wenn man mit dem Ziel neuer Farbschläge farbige Wachteln einkreuzt.

Gefahren der Inzucht

An sich ist die Inzucht für Kenner der Materie eine bewährte Zuchtmethode. Hier soll es nicht um verschiedene Zuchtmethoden unter Einbeziehung von Inzucht gehen, sondern um deren Gefahren. Alle Wachtelarten sind extrem empfindlich gegen Inzucht. In der Idener Wachtelzucht wurde die Erfahrung gemacht, dass eine dauerhafte Zucht ohne fremde Blutzuführung bei Japanischen Wachteln einen Bestand von 120 Paaren erforderlich macht (Köhler, D. persönliche Mitteilung).

Bei der Herauszüchtung neuer Farbschläge ist Inzucht nicht zu umgehen, denn manchmal werden diese erfolgreich auf einem einzigen Tier aufgebaut. Spätestens nach drei Generationen engste bis enge Inzucht (Eltern-Nachkommen-, Vollgeschwister-, Halbgeschwisterpaarung) entstehen bei unseren Wachteln deformierte Zehen und schwache Beingelenke. Erstaunlicherweise sind Leistungsminderungen, mangelnde Befruchtung und Brutergebnisse erst später zu beobachten. Manchmal schlüpfen die Küken noch, sind aber nicht mehr lebensfähig. Bei solchen Experimenten müssen also, wenn sie auf Dauer erfolgversprechend sein sollen, sofort mehrere Linien aufgebaut werden. Zusätzlich sollte nach Gleichgesinnten gesucht werden, um den neuen Farbschlag auf eine breitere Basis zu stellen. Erleichtert wird dies dadurch, dass solche Neuheiten immer sehr gefragt sind. Leider ist aber der Personenkreis, der sich dann intensiv mit der Zucht befasst, sehr klein.

Immer günstig ist es, wenn auf die sehr verbreiteten Wildfarbigen zurückgegriffen werden kann. Bei den Zwergwachteln ist ja ein guter Fundus an hervorragenden Wildfarbigen vorhanden, die sich meist problemlos einkreuzen lassen. Die Schlupfquote steigt dabei oft sprunghaft an. Danach muss man eben den gewünschten Farbschlag wieder „herausmendeln“. Bei den Japanwachteln sieht es ähnlich aus. Möglichkeiten dafür werden bei den Farbschlägen aufgezeigt.

Ausblick

Es ist also überhaupt nicht so schwierig, eine Farbwachtelzucht erfolgreich zu betreiben. Es soll aber nicht verschwiegen werden, dass wir es hier mit Arten zu tun haben, die erst am Anfang ihrer „farblichen Entwicklung“ stehen. Daraus ergibt sich noch eine gewisse Übersichtlichkeit. Bereits jetzt zeigt sich aber schon, dass durch ungezielte Zucht (meist ist es dann schon keine Zucht im eigentlichen Sinne mehr) Farbvarianten entstehen, die nicht mehr sicher einem bestimmten Genotyp zuzuordnen sind. Deshalb ist es sicherlich sinnvoll, sich etwa auf die später angeführten Farbschläge oder noch weniger zu konzentrieren. Das trifft auf beide hier behandelten Wachtelarten zu.

Dass die Entwicklung nicht aufzuhalten sein wird, beweisen die folgenden Beispiele. Bei der Chinesischen Zwergwachtel sind Falben (fast weiß mit rötlichen Augen) aufgetreten (Oppenborn, G., persönliche Mitteilung). Zwei verschiedene Farbschläge Geperlter, bei denen auch die Hähne völlig geperlt erschienen und die eine gut ausgeprägte Maske zeigten, konnte ich auf Kleintiermärkten im Jahre 2003 beobachten. Rotbraune Zwergwachteln sind auch noch in der Entstehungsphase, wurden aber hier bereits als Farbschläge mit aufgenommen, da daran intensiv gearbeitet wird. Eine von der Perlung in eine Bänderung umschlagende

Zeichnung lässt erwarten, dass sich hier eine vollkommen neue Palette an Farbschlägen anbietet.

Bei der Japanischen Legewachtel existierte ein kleiner Stamm Albinos in der Wachtelzucht Iden (KÖHLER, D., persönliche Mitteilung). In Thüringen wurde bei einem Legewachtelhalter vor einigen Jahren auch eine Falb-Henne aufgezogen. Auch braune Legewachteln sind bekannt. Sie erscheinen etwas heller als die Dunklen. In letzter Zeit treten auch immer wieder Mutanten auf, deren Hähne heller und gröber gezeichnet sind als die Goldsprenkel, aber eine vollkommen rotbraun gefärbten Kopf haben, die Vererbungsweise ist noch nicht geklärt. Vermutlich handelt es sich aber um eine Kombination von Tenebrosus und Gold.

Das Auftreten neuer Mutationen und Mutanten ist ein völlig natürlicher Vorgang und somit auch bei unseren Wachteln immer wieder zu beobachten. Nur der Vollständigkeit halber und um die Gelegenheit eines solchen Buches zu nutzen, sind hier eine Vielzahl vorhandener aber auch weniger bekannter Farbmutanten angeführt worden. Unabhängig davon muss aber betont werden, dass die Erhaltungszucht hochklassiger Wildfarbiger bei allen Arten eine sehr wichtige Funktion hat. Es ist immer wieder sinnvoll, gelegentlich farblich gute reinerbige Wildfarbige in die Farbenzucht einzukreuzen, wann immer das nötig und möglich ist.

Farbschläge bei der Chinesischen Zwergwachtel

Wildfarbiger Zwergwachtelhahn mit der typischen Gesichtsmaske.

Besonders bei der Zwergwachtel werden Farbschläge züchterisch bearbeitet. Für diese sind auch Standards vorhanden, die eine Bewertung auf Ziergeflügelausstellungen ermöglichen.

Wildfarbig

Die Wildfarbigen sind sicher einer der schönsten Farbschläge und sehr verbreitet. Zu beachten sind besonders die Bereiche, die, wie später bei anderen Farbschlägen beschrieben, durch Mutation verändert werden. Beim Hahn betrifft dies die Maske, also die arttypische Zeichnung unterhalb der Kehle, die blaue Brust, den roten Bauch und Unterschwanz sowie die Schaftstriche auf Kopf und Rücken. Der rote Unterschwanz beim Hahn ist übrigens, wenn auch in abgeschwächter Farbtiefe, das Merkmal für die Hähne aller Farbschläge mit Ausnahme der Weißen. Betont werden muss dieses Merkmal für die Farbschläge ohne Maske.

Bei der Henne fallen besonders die Sprenkelungen auf Brust und Seiten auf, fast schwarz auf zimtfarbenem Grund, sowie die hellen Schaftstriche. Auch diese beiden Merkmale unterliegen starken Veränderungen, die zum Teil ganz anders als beim Hahn verlaufen, aber durch die gleichen Mutationen verursacht werden. Die Küken der Wildfarbigen sehen dunkelrebhuhnfarbig aus.

Weiß

Diese dunkeläugig Weißen entstehen dadurch, dass im Gefieder die Ausbildung aller Farbstoffe verhindert wird. Ursächlich hängt dies damit

Weißes Jungtier der Chinesischen Zwergwachtel.

zusammen, dass alle Farbzellen, in denen das Melanin gebildet wird, nicht in der Lage sind, in die wachsende Feder zu wandern. So bleiben diese farblos und wirken durch die Brechung des Lichtes weiß. Daraus lässt sich folgern, dass alle Weißen spalterbig, ja sogar reinerbig in allen anderen Farben sein können, auch in den dominant vererbenden Dunklen. Weiße können also verdeckt alle Mutationen und Kombinationen und alle noch theoretisch züchtbaren Varianten im Erbgut führen, ohne dass dies sichtbar wird.

Sehr oft fallen Weiße aus farbigen Paaren, da das Gen in vielen Farbschlägen verdeckt vorhanden ist. Es wäre also völlig falsch zu denken, eine Weiße brächte keine Farben mit. Dagegen bringen Weiße, miteinander verpaart, immer 100 % Weiße als Nachkommen. Die Küken sind bereits hellgelb bis weißlich. Letztere sollen Silber im Erbgut anzeigen.

Etwas problematisch ist die Geschlechtserkennung. Die Henne ist in der Regel fülliger als der schlanker wirkende Hahn. Verpaarte Hennen haben oft die bekannten nackten Stellen am Hinterkopf, die ihnen die Hähne auszupfen. Sehr sicher lässt sich aber das Geschlecht so feststellen: Zu einer isoliert gehaltenen weißen Wachtel wird eine farbige Henne gesetzt. Ist das weiße Tier ein Hahn, fängt er sofort an zu balzen. In Sekunden ist alles geklärt.

Albinos, also völlig weiße Tiere mit rot scheinenden Augen, sind bei Zwergwachteln bisher nicht bekannt. Allerdings ist dies sehr erstaunlich.

Silber

Silberner Zwergwachtelhahn, auch er mit rötlichem Unterschwanz.

Silber trat als erste Farbmutante auf und vererbt rezessiv zu Wildfarbig, Wildfarbige können spalterbig in Silber sein. Solche Paare bringen dann theoretisch 25 % Silberne, das heißt, nur eine Wachtel, die von beiden Eltern diese genetische Veränderung erbt, erscheint auch als Silberne. Silberne können natürlich spalterbig in allen anderen rezessiven Farben sein.

Nur mit dem dominanten Dunkel geht Silber eine Sonderstellung ein. Die Kombination Dunkel-Silber ergibt etwas dunklere, silberne Wachteln (Näheres dazu bei Dunkel-Silber). Auch hier erscheint die typische Maske beim Hahn, farblich etwas aufgehellt. Alle Farbmerkmale erscheinen abgeschwächt. Das Phäomelanin (bräunliche Farbstoffe) ist ganz verschwunden, das Eumelanin (dunkle Farbstoffe) erscheint stark verdünnt und ergibt ein aufgehelltes einheitlich grausilbernes Gesamtgefieder mit der sich dunkler absetzenden Maskenzeichnung.

Der rote Bauch des wildfarbigen Hahnes wandelt sich zu rosa, aber auch dieser ist bei Hähnen mancher Stämme nicht mehr zu sehen. Diese Hähne sind ebenso einheitlich grausilber wie die Hennen, ihnen fehlt nur die Sprenkelung. Neben der Maske als sicheres Merkmal des Hahnes ist dieser aber auch noch am immer rosa gefärbten Unterschwanz zu erkennen. Bei der Henne sind Sprenkelung und Schaftstriche gut zu erkennen und zeichnen eine farblich gute Henne aus. Die Küken sind hellgrausilber.

Rehbraun

Zu den Rehbraunen muss etwas weiter ausgeholt werden. In den USA (Garrie P. Landry) findet man Informationen, dass Rehbraun und Zimt

Rehbraune Zwergwachtelhenne, in natura etwas bräunlicher.

durch die gleiche Mutation entstanden seien und nur zwei verschiedene Farbvariationen der gleichen Mutation darstellten, bei denen es alle Übergänge gibt. Die bei uns vorhandenen, in der AZ auch anerkannten Wachteln werden Rehbraune genannt und auch in diese Richtung gezüchtet und ausgestellt. Deshalb werden sie hier ebenfalls als Rehbraune beschrieben. Der Leser sollte aber wissen, dass damit auch Vögel gemeint sein können, die im Internet oder umgangssprachlich auch bei uns als Zimt bezeichnet werden.

Rehbraune vererben rezessiv zu Wildfarbigen. Rehbraun sieht allerdings nur weitgehend die Henne aus, der Hahn ist ein leicht aufgehellter Wildfarbiger, dem besonders die markanten Linien der Maske verloren gehen. Die blaue Brust und auch der rote Hinterbauch erscheinen leicht aufgehellt gegenüber dem wildfarbigen Hahn. Die Schaftstriche sind noch erkennbar. Die Küken sehen bereits nach dem Schlupf sehr hell goldbraun aus.

Seine Bedeutung hat der Farbschlag neben der Erscheinung als Geperlte in der weiteren Aufhellung des Gefieders bei Farbkombinationen. Er ist wichtig als Einkreuzungspartner für die Zucht Elfenbeinfarbiger. Aber auch andere Kombinationen sind bekannt.

Dunkel (Dunkelbraun ohne Maske)

Ein dominantes Gen ist die Grundlage für die Zwergwachteln ohne Maske. Im Englischen heißen sie Blue Face (Blaugesicht). Alle Farbschläge, die dieses Gen tragen, haben als Hahn keine Maske, den Hennen fehlt die typische Sprenkelung. Ich möchte dieses Gen hier als Dunkel bezeich-

Dunkler Zwergwachtelhahn mit hervorragender Augenfärbung.

nen. Die Vögel werden als „Dunkelbraune ohne Maske" ausgestellt. Außer diesen, die als Schauvögel in der Regel dunkelbraun aussehen, gibt es noch mindestens spalterbig Dunkle und Dunkel-Geperlte.

Die Mutation Dunkel bewirkt, dass sich bei den Wildfarbigen der blaue Bauch des Hahnes auf die Brust ausdehnt, die Maske wird dadurch eliminiert. Gleichzeitig verschwinden die hellen Schaftstriche bei beiden Geschlechtern, bei der Henne auch die typische Hennenzeichnung an den Seiten. Statt dessen erscheinen auf dem dunkelbraunen Grund der Henne an den Seiten und auf dem Rücken sehr dunkle, fast schwarze kleine Flecken. Diese sind auch auf dem Rücken des Hahnes klar, andeutungsweise auch auf den dunkelblauen Seiten erkennbar.

Isabell

Auf den ersten Blick entstanden die Isabellen aus einer ähnlichen Mutation wie die Rehbraunen. Der Hauptunterschied besteht darin, dass bei Rehbraun die braunen Töne vorherrschen, also das dunkle Eumelanin verdünnt erscheint. Bei den Isabellen werden, wie das von anderen Vogelarten bekannt ist, Eumelanin und Phäomelanin durch Mutation verdünnt. In beiden Fällen wird die Wildfarbe heller gezeigt. Sie sehen aus wie Rehbraune mit einem Silberhauch, der sich vor allem auf dem Rücken verstärkt zeigt.

Beim Hahn zeigt sich die Aufhellung auch deutlich dadurch, dass aus der blauen Brust eine graue und aus dem Rot des Hinterbauches ein Rötlich wird. Die Hähne haben eine Maske! Doch gibt es auch Isabell ohne Maske. Die genetischen Zusammenhänge müssen noch geklärt werden.

Isabell Zwergwachtelhenne, in natura etwas dunkler.

Rotbrust

Im Jahre 1987 entstand durch spontane Mutation bei Garrie P. Landry in den USA ein neuer Zwergwachtel-Farbschlag, der Rotbrust (Red Breasted) genannt wurde. Beim Hahn weitete sich der rote Bauch zur roten Brust aus, aus der typischen Maske des wildfarbigen Hahnes entstand ein feiner weißer Streifen. Die Hennen überraschten in der Zeichnung bei den verschiedenen Farbschlägen. Schnell wurden viele der vorhandenen Farbschläge mit Rotbrust kombiniert, sodass es heute eine Reihe Rotbrustfarbschläge gibt, wie Rotbrust-Silber, Rotbrust-Geperlt, Rotbrust-Rehbraun, Rotbrust-Schecken und andere. Sie sind in den USA inzwischen weit verbreitet.

Der Rotbrustfaktor wird gegenüber Wildfarbig rezessiv vererbt. Er wird dadurch nur sichtbar, wenn er von beiden Eltern vererbt wird.

Chinesische Zwergwachteln in Rotbrust, links Hahn, rechts Henne, hier auf der Grundfarbe Wildfarbig, ein noch neuer Farbenschlag in Deutschland.

unten: Vererbungsschema
P: Verpaarung Rotbrust x Wildfarbig
F1-Generation: Alle Nachkommen Wildfarbig spalt Rotbrust
F2-Generation: 25 % Rotbrust, 25 % Wildfarbig, 50 % Wildfarbig spalt Rotbrust

Rotbrauner Zwergwachtelhahn.

In Deutschland führte ein Zwergwachtelzüchter aus Bayern 2007 drei Sendungen Bruteier aus zwei Zuchten nach Deutschland ein. Die Nachkommen erwiesen sich als sehr zuchtfreudig. Das Interesse der deutschen Züchter war groß. Das Ziel liegt jetzt darin, die einzelnen Farbschläge genetisch zu festigen.

Rotbraun

Auf der Suche nach Rotbrust-Zwergwachteln wurden von verschiedenen Züchtern Wachteln angeboten, die nach Zusammenfassung aller Informationen als Auslese aus Rehbraunen zu werten sind. Ziemlich übereinstimmend werden sie als Rotbraune bezeichnet. Das Zuchtziel sind vollkommen rote Hähne mit Maske und hellbraune Hennen. In letzter Zeit sind auch bereits völlig rote Hennen gefallen.

Die jetzigen Hähne haben auch eine gewisse Ähnlichkeit mit den Isabell-Hähnen. Ihnen fehlt aber der silberne Hauch und vor allem der silberne Rücken. Bereits die Küken sind goldfarbig, ähnlich denen der Rehbraunen, nur etwas heller. Im Jugendgefieder erscheinen die Hennen ziegelrot, um dann etwas dunkler umzumausern. Es fallen aber immer wieder auch wesentlich hellere Hennen, die vermutlich Rotbraun-Geperlte sind.

Da die züchterischen Aktivitäten offenbar sehr groß sind, sind in absehbarer Zeit auch ziemlich rote Hähne zu erwarten. Sie sind als Farbschlag auf Ausstellungen nicht anerkannt und außerdem nicht genetisch identisch mit dem in den USA als Rotbrust (Red Breasted) bekannten Farbschlag der Chinesischen Zwergwachtel.

Zwergwachtelhenne Silber ohne Maske, eine Kombination aus Dunkel und Silber.

Dunkel-Silber (Silber ohne Maske)

Sie sind die Kombination des rezessiv vererbenden Faktors Silber mit dem dominant vererbenden Faktor Dunkel. Dies ergibt einheitlich silbergraue Wachteln, denen in beiden Geschlechtern Schaftstriche und die typische Hennenzeichnung fehlen. In Umkehr der genetischen Verhältnisse dominiert optisch das etwas dunklere Silber vollkommen.

Auf Ausstellungen ist diese Mutante unter „Silber ohne Maske" zu sehen. Dies ist natürlich genetisch gesehen zumindest fraglich, es ist eine Kombination von Dunkel und Silber. Die Schaftstriche und die typische Hennenzeichnung fehlen durch das Vorhandensein des Dunkelfaktors. Sie haben gelbe Beine, aber einen recht dunklen Schnabel. Für das Aussehen unerheblich ist es, ob der Dunkelfaktor reinerbig oder spalterbig vorliegt. Nur aus der Abstammung oder am Nachwuchs lässt sich vielfach darauf schließen. Der Hahn ist sicher am rötlichen Unterschwanz erkennbar. Die Küken sehen denen der Silbernen sehr ähnlich.

Dunkel-Silber-Geperlt lässt sich aus Dunkel-Silber × Silber-Perle mühelos züchten. Zu beachten ist die Problematik, die bei Dunkel erklärt wird. Es soll sie eindeutig erkennbar nur als Hennen geben, da dem Hahn die Schaftstriche als Erkennungsmerkmal für Geperlte fehlen. Sicher ist diese Problematik aber ähnlich zu sehen, wie sie unter Dunkel-Geperlt behandelt wird.

Weitere Kombinationen vor allem mit Rehbraun und Rotbrüstig sind möglich. Es entstehen aber meist recht düster aussehende Mutanten, die zudem sehr variieren.

Silber-Rehbraun (Elfenbein)

Die Kombination von Silber und Rehbraun ist eine Kombination zweier rezessiv vererbender Faktoren. Die übliche Bezeichnung Elfenbein mag manchem unzutreffend erscheinen. Sie ist aber im Internet weltweit verbreitet. Dort wird sie auch als Kombination von Silber und Zimt angesehen. Zimt ist dabei eine Variante von Rehbraun, die nur phänotypisch, das heißt, im äußerlichen Erscheinungsbild unterschieden wird. Da diese Mutante sicherlich immer eine Rarität bleiben und auch kaum auf Ausstellungen präsent werden wird, bringt diese Bezeichnung für Freunde von Pastellfarben und für experimentierfreudige Züchter Klarheit. Die Farbe ist auf Ausstellungen nicht anerkannt.

Durch diese Kombination entsteht eine sehr helle silberne Mutante, das noch verdünnt vorhandene Melanin der Silbernen wird durch den Rehbraunfaktor zusätzlich verdünnt. Es ist bereits an den Küken erkennbar, die fast weiß aussehen und lange einen hellhornfarbenen Schnabel tragen. Dieser dunkelt mit der Ausfärbung nach, bleibt aber, ebenso wie die Maske, immer wesentlich heller als bei den Silbernen. Der rötlich angehauchte Bauch und Unterschwanz des Hahnes bleibt erhalten. Bei der Henne bleibt die Zeichnung gut sichtbar. Sehr attraktiv sehen Elfenbeingeperlte aus.

Geperlt

Die Geperlten entstehen auch durch eine neuere Mutation. Der Faktor wird dominant vererbt. Nach übereinstimmenden Informationen aus den USA (G.P. Landry) ist der Perlfaktor dort verbunden mit einem soge-

Zwergwachtelhenne, Wildfarbig Geperlt, beim Brutgeschäft.

nannten Letalfaktor. Letalfaktoren können unterschiedliche Wirkung haben, weil sie die Vitalität artgebunden unterschiedlich stark beeinträchtigen. In diesem konkreten Fall sind reinerbig Geperlte nicht lebensfähig. Sie sterben bereits früh im Ei ab.

Theoretisch wird dadurch das Schlupfergebnis um 25 % gemindert, da aus einer Paarung Perle × Perle 25 % den Perlfaktor doppelt erben. Die weiteren 25 % Nichtgeperlten und 50 Prozent spalterbig Geperlten sind uneingeschränkt lebens- und zuchtfähig.

Für die praktische Zucht heißt das, grundsätzlich nur Geperlt × Nichtgeperlt zu verpaaren, dann gibt es keine Probleme. Es entstehen jeweils zur Hälfte Geperlte und Nichtgeperlte.

In jüngster Zeit sind gelegentlich auch vollkommen geperlte Hähne zu sehen. Es zeichnet sich ab, dass dies doch reinerbig Geperlte sind, also Tiere mit zwei Perlfaktoren. Mir bisher bekannte Hähne zeigten immer eine verminderte Ausbildung der Maske. Zur Zucht mit einem nichtgeperlten Partner angesetzte Hähne und Hennen befruchteten oder legten nicht.

Unabhängig von diesen Ausführungen zeichnet sich ab, dass es offensichtlich verschiedene Perlfaktoren gibt. Nach intensiver Zucht in zwei Jahren mit mehreren Paaren in der Paarung Geperlt × Geperlt konnte Folgendes festgestellt werden: Bei optimaler Fütterung ausschließlich aus Naturbrut war ein fast 100 %iger Schlupf vorhanden. Abgestorbene Embryos, die auf einen Letalfaktor hinweisen könnten, wurden nicht gefunden (Gehlmann, H. mündliche Mitteilung). Es wird offensichtlich, dass bei Geperlten mehrere Mutationen eine Rolle spielen könnten, die auch unterschiedlich vererben. Alle scheinen sie aber dominant vererbt zu werden.

Der Perlfaktor kann mit jeder farbigen Variante kombiniert werden. Beim Hahn macht sich die Perlung vielfach nur auf Kopf und Rücken in Form hellerer Zeichnung bemerkbar. Die Probleme bei den Dunklen werden dort erörtert. Bei der Henne ist der Unterschied wesentlich größer. Die Sprenkelung mutiert zur Perlung. Die dadurch entstehende Perlung wirkt heller und überzieht fast den ganzen Körper. Will man ganz sicher Geperlte erwarten, sollte man nur mit geperlten Hennen züchten.

Die Kükenfarbe aller Geperlten ist bereits wesentlich heller als bei den Normalen. Auch nach Abschluss der ersten Gefiederbildung sind beide Geschlechter deutlich am ganzen Körper geperlt. Beim Hahn reduziert sich während der Jugendmauser die helle Zeichnung dann auf Kopf und Rücken.

Grundsätzlich ist die Wirkung der Perlung mit einem Verdünnungsfaktor bei gleichzeitiger Ausbreitung der Zeichnung bei der Henne gleichzusetzen. Vorhandene Farben werden um eine weitere Stufe zusätzlich

Zwergwachelhenne in einer Kombination aus Silber, Perle und Scheckung.

verdünnt. Daraus ergeben sich auch die Möglichkeiten der Züchtung von drei- und vierfachen Mutanten. Die Bezeichnung der Mutanten gibt die genetischen Verhältnisse wieder.

Gescheckt

Der Scheckfaktor ist eine Zeichnungsmutation. Die Vererbung wurde vom Grund her bereits unter Farbvererbung/Scheckenzüchtung behandelt. Es wird eine Verteilung von 50:50 weiße und farbige Gefiederpartien angestrebt. Besonders attraktiv sehen Schecken aus, deren farbige Teile zu den dunkleren Farbschlägen gehören, bevorzugt Wildfarbige und Dunkle mit ihren Varianten. Natürlich haben auch Schecken hellerer Farbschläge ihren Reiz.

Der Scheckenfaktor kann reinerbig (zweifaktorig) oder spalterbig (einfaktorig) vorliegen. Bei der Verpaarung Weiß × Schecke ergeben sich daraus unterschiedliche Ergebnisse. Weiß × zweifaktorige Schecke = 100 % einfaktorige Schecken, Weiß × einfaktorige Schecke = 50 % Weiße + 50 % einfaktorige Schecken. Dies ist nur eine grobe Einschätzung, denn in der züchterischen Praxis gibt es gerade bei der Scheckenzüchtung immer wieder tolle Überraschungen.

Sehr sinnvoll ist es, Schecke × Schecke zu paaren. Daraus fallen zunehmend nur Schecken, nämlich sobald jeweils ein Partner im Paar eine zweifaktorige Schecke ist. Bei der Paarung Schecke × Schecke ist es richtig, eine zu helle Schecke an eine zu dunkle Schecke zu paaren, also eine Ausgleichspaarung vorzunehmen. Dies entfällt natürlich, wenn man nur noch Tiere mit idealer Scheckung zur Zucht einsetzen kann. Aber gerade bei der Herauszüchtung neuer Farbschläge bei den Schecken wird man immer mit Kompromissen leben müssen.

Wenig sinnvoll ist es, farbige Tiere an Schecken zu paaren. Überwiegend fallen Farbige mit einigen weißen Schwingen und sehr dunkle Schecken. Die Einkreuzung von Weiß dagegen hilft, den Weißanteil zu erhöhen. Natürlich fallen dann auch wieder zu helle Schecken mit. Es kann aber nicht oft genug darauf hingewiesen werden, dass eingekreuzte Weiße alle möglichen Farbfaktoren im wahrsten Sinne des Wortes verdeckt mit einbringen können. Besonders bei rezessiv vererbenden Farbfaktoren können vielfach erst in der zweiten oder in weiteren Generationen nach der Einkreuzung Schecken-Farben entstehen, mit denen niemand gerechnet hat. Aber Überraschungen sind ja immer willkommen.

Die Vererbung des farbigen Teils der Schecke erfolgt vollständig nach den Regeln der Vererbung farbiger Wachteln. Wir müssen also Farbvererbung und Scheckenvererbung völlig getrennt voneinander betrachten.

Farbschläge der Japanischen Lege- und Fleischwachteln

Auch bei den Japanischen Wachteln existieren viele Farbschläge. Standards dafür sind nicht vorhanden, sodass auch die Beschickung von Ausstellungen nicht möglich ist.

Typische Brustsprenkelung einer wildfarbigen Henne Japanischer Legewachteln.

Fleischwachteln

Die Vererbung der Farbschläge erfolgt wie bei den nun folgenden Legewachteln. Die Weißen werden gern in die Farbigen zur Erhaltung des Gewichtes eingekreuzt. Da Weiße rezessiv zu den Farbigen vererben, entstehen erst einmal Farbige, die aber spalterbig in Weiß sind.

Fleischwachteln lassen sich in allen Farbschlägen der Legewachteln züchten. Eine Reihe von Farbwachteln tendieren gewichtsmäßig auch zu den Fleischwachteln. Gut verbreitet sind aber nur die Weißen, beziehungsweise Hellschecken. In der Großproduktion werden Fleischwachteln wegen der etwas helleren Hautfarbe nur als Weiße gezüchtet. Hobbyzüchter dagegen bevorzugen auch aufgrund der frühen Geschlechtserkennung und der dadurch geschlechtsgetrennt möglichen Mast die Wildfarbigen und Goldsprenkel. Allein aufgezogen, verhalten sich die doch etwas zänkischeren Fleischwachtelhähne wesentlich ruhiger.

Immer noch selten: Reinweiße Legewachteln, hier ein Hahn.

Wildfarbige Legewachteln

Die Wildfarbigen stellen etwa 90% aller Legewachteln. Die Färbung stimmt mit der der Fleischwachteln völlig überein. Für den Farbwachtelzüchter sind die Wildfarbigen immer wieder eine Quelle für Einkreuzungen in die Goldsprenkel, Silbernen und Tenebrosus/Dunklen.

Goldsprenkel

Als Goldsprenkel wird bei uns mehrheitlich eine Farbmutante bezeichnet, die sich durch eine goldige Aufhellung der Wildfarbe auszeichnet. Sie ist die bei uns am meisten verbreitete Farbmutante. Isabell, Geperlt, Gelbgeperlt, Hell, Creme und Gelb sind Synonyme, die dafür im Umlauf sind; sie sollten möglichst vermieden werden.

Goldsprenkel folgen einem intermediären Erbgang. Abgeleitet von dem sehr gut eingebürgerten Namen Goldsprenkel für die spalterbigen Variante, halte ich es für sinnvoll, die reinerbige Variante als Gold zu bezeichnen. Sie wird bevorzugt als Isabell gehandelt. Meist wird aber auch ein Gemisch von Goldenen und Goldsprenkeln als Isabell angeboten.

Auch wenn Legewachteln in der Regel nicht auf Ausstellungen zu sehen sind und es in Deutschland auch keinen Standard gibt, ist es doch sinnvoll, nebenher ein wenig auf die Erhaltung der Farbe zu achten, von Schönheitszucht möchte ich gar nicht sprechen. Bei Goldsprenkeln gelingt das ganz vortrefflich mit der oben erwähnten Anpaarung an Wildfarbige. Die Nachkommen in beiden Geschlechtern sind einheitlicher in der farblichen Ausprägung als die aus allen anderen Paarungen.

Links: Typische Kopf- und Brustzeichnung einer Goldsprenkelhenne.

Rechts: Legewachtelhahn in Goldsprenkel.

Eine praktische Komponente hat diese Paarung. Die Hähne beider beteiligter Farbschläge sind visuell im Laufe der 3. Lebenswoche unterscheidbar. Später lassen sich die Hähne natürlich auch an der Kopffärbung erkennen. Bei frühzeitiger Erkennung ist eine Trennung und Aufzucht in die beiden Nutzungsrichtungen möglich, die Hähne zur Mast, die Hennen zum Legen. Die Zuführung eines blutsfremden Stammes, der bei der Inzuchtanfälligkeit der Wachteln oft angezeigt ist, kann für die Goldsprenkel über Wildfarbige jederzeit erfolgen.

Bei Goldenen ist die Geschlechtserkennung nicht so früh sicher möglich, zum Teil selbst am geschlechtsreifen Tier erst durch Kloakentest. Ein gutes Merkmal wird dann aber der braun gefärbte Kopf beim Hahn. Es gibt auch durchgezüchtete goldene Stämme, die allerdings wenig verbreitet sind.

Silber

Silberne werden gelegentlich auch Graue oder Blaue genannt. Die Mutation ist noch relativ jung. Silberne Legewachteln sind genetisch ein schwieriges Feld. Solange man sie an Wildfarbig paart, verhalten sie sich so wie die Goldsprenkel. Als Silber-Wildfarbig wird hier die spalterbige Mutante benannt. Bei der beliebten Paarung Silber-Wildfarbig × Silber-Wildfarbig fallen neben Wildfarbigen und Silber-Wildfarbigen, was ja zu erwarten ist, auch hellere Tiere. Analog zu Goldsprenkeln sind sie reinerbig Silberne. Überwiegend trifft dies auch zu, aber ein kleiner Teil dieser Silbernen wird sehr hell, fast weiß. Zum Teil sind sie so hell, dass man nur am dunklen Schnabel deutlich erkennt, dass es keine Weißen sind. Diese Hellen habe ich Hell-Silber genannt. Sie fielen zuerst nur als Hähne, später aber auch Hennen. Mit ihnen lässt sich ein Traum mancher Züchter, silberne Legewachteln in der Farbqualität von silbernen Zwergwachteln zu züchten, sehr wahrscheinlich verwirklichen. Allerdings sollte zum Zuchtziel wohl eine gelbliche Brust zur visuellen Geschlechtserkennung, die auch schwer wegzuzüchten sein wird, gehören.

Es wird noch mit anderen Methoden versucht, helle Silberne zu züchten. Besonders die Neigung der Züchter, Weiße einzukreuzen, um das Silber aufzuhellen, lässt sich an den herausspaltenden Weißen erkennen. Meiner Meinung ist diese Annahme, Weiß helle das Silber auf, falsch. Weiß spalterbig wirkt nicht aufhellend, sondern dieser Farbschlag wird erst bei Reinerbigkeit sichtbar und dann wird die Farbausbildung völlig verhindert. Die Spalterbigkeit in Weiß wird allerdings gelegentlich angezeigt durch eine weiße Kehle, weiße Federfluren bevorzugt auf der Brust oder auch auf anderen Körperteilen.

Die oben angeführten hellen Silbernen wurden bei mir aus einem einzigen hell-silbernen Hahn gezüchtet. Weiß ist in diesem Stamm mit Sicherheit nicht vorhanden. Weiße Jungtiere sind nicht gefallen. Die Zuführung fremden Blutes erfolgt über Silber-Wildfarbige, die aus der Paarung Silber × Wildfarbig entstehen.

Die Hähne haben ebenfalls eine gut erkennbare einfarbige Brustfärbung wie Wildfarbige und Goldsprenkel, die der Henne ist leicht gesprenkelt. Wenn Silber intermediär vererbt, wofür meine Brutergebnisse sprechen, dann sind die Silber-Wachtelfarbigen spalterbig in Wildfarbig. Es soll aber nochmals darauf hingewiesen werden, dass es sehr verschiedene Stämme der Silbernen gibt. Nicht ganz auszuschließen ist, dass verschiedene Mutationen und damit auch verschiedene Erbgänge vorhanden sind.

Weiß und Hellschecken

Über die Vererbung der Scheckung wurde bereits ab Seite 93 berichtet. Es gibt zwar reinweiße Legewachteln. Die große Mehrzahl der als weiße Wachteln bezeichneten Exemplare bei den Japanischen Wachteln haben aber farbige Gefiederbezirke, hauptsächlich auf dem Kopf und auf dem Rücken. An diesen Farbtupfern lässt sich erkennen, welche Farbgene die Tiere besitzen.

An den Stellen, wo die Farbtupfer auftreten, wird die Verhinderung der Farbausbildung, die durch ein reinerbiges rezessives Gen verursacht wird, durchbrochen. Sinnvoll ist es, in diesem Falle von Hellschecken zu sprechen. An den vorhandenen farbigen Flecken ist recht gut erkennbar, ob die bei uns vorhandenen Hellschecken farbgenetisch gesehen Wildfarbige, Goldsprenkel, Goldene, Tenebrosus oder noch andersfarbige sind.

Einen Stamm reinweißer Wachteln aufzubauen, gelingt meist schon, wenn man ein Paar reinweißer Wachteln, die durchaus fallen können, miteinander verpaart. Sie dürfen aber auch wirklich nicht eine einzige farbige Feder haben; diese wäre schon das sichtbare Zeichen des Vorhandenseins des Scheckfaktors. Spätestens beim nächsten fälligen Blutwechsel, der ja bei Wachteln schnell erforderlich wird, braucht man aber wieder Reinweiße und diese sind relativ schwer beschaffbar. Erbreine weiße Linien gibt es aber bei Fleischwachteln. Andererseits sind viele Wachtelliebhaber begeistert von den Hellschecken, geben deren Zeichnungen ihren Tieren doch unverwechselbare individuelle Merkmale.

Eine genotypisch und phänotypisch den Weißen sehr nahe stehender Farbschlag sind die Albinos. Sie sind bezüglich der Farbvererbung identisch mit den Weißen, das heißt, auch sie können alle Farbgene verdeckt im Erbgut haben. Reinerbig vorhanden unterdrückt der Albinismus alle Ausbildung aller Farben. Der wesentliche Unterschied besteht darin, dass die fehlende Ausbildung der Pigmente auch noch auf die Augen übergreift. Die Tiere haben aber keine rote Iris, sondern nur das Blut der im Augenhintergrund befindlichen Äderchen schimmert rot durch die farblose Iris. Albinos besitzen artabhängig unterschiedliche Beeinträchtigungen der Sehfunktion. Bei diesen Japanischen Wachteln sind diese ziemlich stark. Sie müssen isoliert bei wenig Licht aufgezogen werden und eignen sich ganz sicher nicht für eine weitere Verbreitung.

Goldschecken (Goldsprenkel- und Goldschecken)

Goldschecken soll als Sammelbegriff dienen für Goldsprenkelschecken und Goldschecken. Sie sind das Ergebnis eines Versuchs, eine Kombination aus Weiß und goldiger Scheckenzeichnung auf Kopf und Rücken zu züchten. Bei aller Problematik, einheitliche Schecken zu züchten, ist das hier verhältnismäßig leicht, da die farbigen Bezirke die bevorzugten Gebiete für die helle Scheckung sind. Ziemlich schnell konnte ein in Bezug auf Scheckung ziemlich erbreiner Stamm aufgebaut werden. Goldschecken sind natürlich auch Weiße, nur mit dieser goldigen Scheckung kombiniert. Bevorzugt werden Goldsprenkelschecken. Farblich gesehen sind es Goldsprenkel. Deshalb spaltet die Farbzeichnung auch auf wie bei einfarbigen Goldsprenkeln, nämlich in je 25 % wildfarbige und goldene Schecken und 50 % Goldsprenkelschecken. Wenn man die Wahl hat, sollte man als Zuchthähne solche mit etwas mehr Kopfzeichnung und braunen Backen wählen. Eine Geschlechtserkennung wird dadurch zumindest angedeutet.

Tenebrosus, Dunkel und deren Weißlätze

Tenebrosus ist ein sehr alter, dunkelschwarzbrauner Farbschlag. Bereits bei ihm fielen gelegentlich Weißlätze an. Seit einiger Zeit tritt eine farblich sehr ähnliche Form auf, die ich in Anlehnung an den Farbschlag bei den Zwergwachteln Dunkel nennen möchte. Beide Farbschläge sind bereits vermischt und bei beiden treten auch Dunkelschecken auf, die vielfach mit dem Ziel Weißlatz gezüchtet werden. Tenebrosus ist der dunklere, Dunkel der hellere braune Schlag. Deutlich unterscheidbar sind beide an der Kükenfärbung. Tenebrosusküken sind fast schwarz, Dunkle tragen eine gut erkennbare eigenartige Kopfzeichnung, die sich mit der Mauser ins Jugendkleid verliert.

Da beide Farbschläge wenig verbreitet sind, ist eine gemeinsame Haltung unter Umständen sinnvoll. Sie lassen sich über die Kükenfärbung wieder gut trennen. Beide Farbschläge können mit Wildfarbigen aufgefrischt werden. Es entstehen Spalterbige, die an der etwas helleren Braunfärbung und den am ganzen Körper vorhandenen Schaftstrichen erkennbar sind. Aus diesen spalten durch den intermediären Erbgang immer auch wieder Wildfarbige heraus, wie dies bei den Goldsprenkel demonstriert wurde.

Hier soll eine weitere ziemlich verbreitete Sonderform der Scheckung vorgestellt werden. Es sind Dunkelschecken mit einem weißen Latz. Diese Weißlätze folgen den gleichen Vererbungsregeln wie alle Schecken.

Das Zuchtziel besteht hier in einer sauberen Ausgestaltung des weißen Brustlatzes. Auch hier ist sehr viel züchterischer Aufwand vonnöten, um einen korrekten weißen Latz zu gestalten. Es wird vermutlich nur bei wenigen Exemplaren gelingen und ist davon abhängig, ob die Verbreitung soweit erfolgt, dass man zur gelegentlich notwendigen Blutauffrischung auch brauchbare Weißlätze bekommt. Die Farbe ist dabei von untergeordneter Bedeutung. Gleichzeitig besteht hier die Möglichkeit, unschwer aus sehr hellen Schecken Dunkle mit weißem Bauch zu züchten. Natürlich lassen sich mit etwas Aufwand Weißlätze in allen Farben züchten.

Gelb

Gelbe Wachteln fallen seit einiger Zeit gelegentlich aus Goldsprenkel- und Gold-Stämmen. Die Federn bestehen aus einer breiten weißlichen Schaftfärbung und einer relativ starken Gelbfärbung von Teilen der übrigen Federpartien. Alles dunkle Eumelanin scheint durch Mutation verloren gegangen zu sein, beziehungsweise hat sich als Rest nur noch im Schnabel konzentriert. Es finden sich aber auch Wachteln, die noch Eumelanin im Gefieder zeigen. Deren Verteilung ist aber grundsätzlich anders als bei den Goldsprenkeln. Wenn es nicht sofort ins Auge fällt, lassen sich letzte Reste von Melanin beim Öffnen der Schwungfedern als dunklere Punkte auf einer Reihe von Federn erkennen. Mir erscheinen solche Tiere zur Weiterzucht nicht geeignet. Das Zuchtziel sollte doch eine insgesamt goldgelbe Legewachtel sein, mit dem Ziel der optischen Geschlechtserkennung durch die einfarbige Färbung der Hahnenbrust. Erstaunlicherweise ist die Zucht dieses Farbschlages im Gegensatz zu dem der gelben Zwergwachteln relativ problemlos.

Die Kükenfärbung ist sehr hellgelb. Gegenüber den Goldsprenkel-Küken fehlen deren dunkle Rückenstreifen. Die Geschlechter der Gelben sind bereits in der dritten Woche an der fast einfarbig gelben Brust des Hahnes und der zur Sprenkelung neigenden Brust der Henne recht gut zu unterscheiden. Diese Unterschiede sind nicht ganz so deutlich wie bei Wildfarbigen und Goldsprenkeln. Es wird schon ein Kennerblick benötigt, der sich aber schnell einstellt.

Gelbe Legewachteln sind eine Rarität, links eine Henne, rechts ein Hahn.

Zur Vermeidung der Inzucht hat es sich als sehr erfolgreich erwiesen, einen farblich guten gelben Hahn an ein paar Goldsprenkelhennen zu paaren. Dabei fallen sofort fast die Hälfte gelbe Wachteln. Diese Gelben brachten miteinander verpaart vorwiegend gelbe Nachzucht, die allerdings in der Farbe etwas variierte. Sicher ist es für diesen Zweck noch sinnvoller, die helleren, reinerbigen goldenen Hennen einzusetzen. Insgesamt steht dieser Farbschlag erst am Anfang und es wird noch züchterische Mühe erforderlich werden, ehe er farblich durchgezüchtet ist.

Eine deutlich aufgehellte Variante sind hellgelbe Hähne. Ich nenne sie in Anlehnung an die bei den Silbernen ebenfalls sehr aufgehellte Form (dort Hell-Silber genannt) erst einmal Hell-Gelb. Bisher sind nur einzelne solcher hellen Hähne und Hennen gefallen. Eine Verpaarung Hellgelb × Goldsprenkel brachte je etwa zur Hälfte Goldsprenkel und Gelbe. Im Gegensatz zur Paarung Gelb × Goldsprenkel entstanden hier nur Gelbe mit sehr sauberer Farbe. Ob die hellgelbe Form rein weiter vermehrt werden kann, muss noch geklärt werden.

Rotkopf-Legewachteln: Hahn, oben, mit dem typisch rotbraunen Kopf. Die Henne, unten, ist an der dunklen Sperberung zu erkennen.

Rotkopf

Seit etwa 2006 wurden in Deutschland vereinzelt „Tschechische Mastwachteln“ angeboten. Diese Wachteln waren sehr stark inzuchtbelastet und streuten im Gewicht. Durch die Einkreuzung leistungsfähiger wildfarbiger Legewachteln und die Auslese auf etwa 250 g Körpergewicht entstand bis 2009 ein sehr gut legender Farbschlag der Legewachteln. Außerdem konnte dieser Farbschlag dem bereits 1979 beschriebenen Rotkopf (Redhead) zugeordnet werden. Die Farbe wird rezessiv vererbt.

Das Markenzeichen ist der rotbraune Kopf des Hahnes, die Henne ist am gesamten Körper grob dunkel gesperbert. Durch diese unterschiedliche Kopf- und Brustfärbung ist die Geschlechtserkennung ab der dritten Lebenswoche gut möglich.

Erst seit 2010 gut verbreitet, die Farbe Zimt, ein Farbschlag für den Hobbyzüchter. Links Legewachtelhahn in Zimt mit heller Brust, die Henne rechts zeigt ihre gesprenkelte Brust.

Zimt

Etwa um das Jahr 2004 Jahre entstanden in Deutschland sehr vermutlich durch Mutation einzelne Wachteln in einem Farbschlag, der ebenfalls länger bekannt ist, die Zimter. International wurden sie bereits 1982 als cinnamon (cin) beschrieben. Der Zimtfaktor hellt die Farbmerkmale aller Grundfarben sehr stark auf, die Wachteln sind mit einem zimtbraunen Schimmer überzogen.

Auch die Zimter waren stark inzuchtbelastet. Durch das Einkreuzen von Wildfarbig, Golden und Tenebrosus konnten die Inzuchtdepressionen schnell beseitigt und drei Zimtfarbschläge aufgebaut werden. Besonders die Wild-Zimter und die Gold-Zimter fanden seitdem eine hohe Anerkennung in Deutschland. Die visuelle Geschlechtserkennung erfolgt bei den Wild- und Gold-Zimtern wie bei den Grundfarben. Bei Tenebrosus-Zimtern ist sie nicht möglich.

Insgesamt gesehen, sind die Zimter eine Spezialität für den Hobbyzüchter. Zwei Fakten sind zu beachten:

- Die Küken haben sehr dunkelrote Augen und sind deshalb in den ersten Tagen leicht sehbehindert. Durch eine etwas geringere Beleuchtung des Futterplatzes kann dem gegengesteuert werden – die Küken müssen das Futter finden. Diese Augenfärbung ist typisch für Zimter und Voraussetzung für diese Bezeichnung, sie verliert sich schnell, wenn die Tiere älter werden.
- Die Vererbung des Zimt-Gens erfolgt geschlechtsgebunden. Für die praktische Zucht heißt das: Ein Zimthahn bringt durch die Verpaarung mit Hennen der oben genannten Grundfarben nur Zimthennen und farbige Hähne, letztere immer spalterbig in Zimt. So ist eine Blutauffrischung sehr einfach möglich. Alle Zimtküken aus diesen Paarungen sind mit Sicherheit Hennen, deshalb geschlechtsgebundene Vererbung.

Verwandtschaftsverhältnisse der verschiedenen Wachtelarten in der Familie der Hühnervögel.

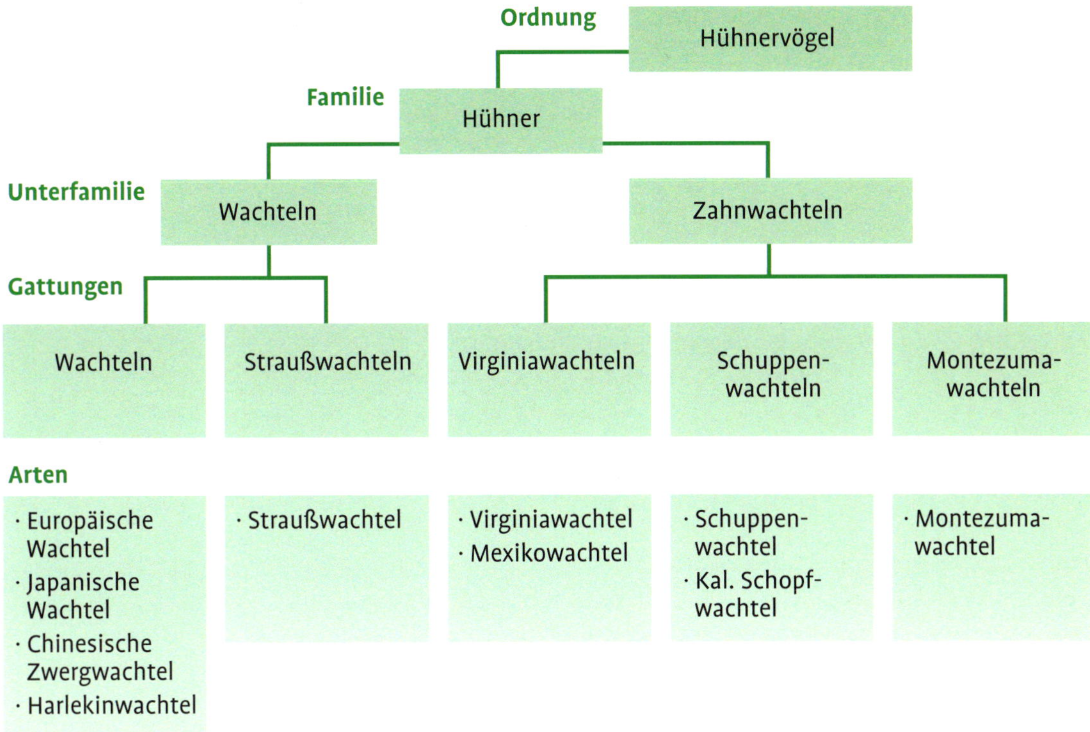

Serviceseiten

Literatur

Raethel, Heinz-Sigurd: Wachteln, Rebhühner, Steinhühner, Frankoline und Verwandte. Verlagshaus, Reutlingen 2001.
Brown, D. R., A.F. Anderson: Kunstbrut, Handbuch für Züchter. Verlag M. & H. Schaper 1988.
Kiwitt, Rudolf: Wachteln. Verlag Eugen Ulmer 2003.
Hirsch, Sigrid: Heilwirkung der Wachteleier. Freya Verlag, Linz 2004.

http://tierdoku.com/index.php?title=Kalifornische_Schopfwachtel
http://de.wikipedia.org/wiki/Montezumawachtel

Adressen

AZ
Vereinigung für Artenschutz, Vogelhaltung und Vogelschutz e.V.,
Helmut Uebele, Postfach 1168, 71501 Backnang
VZE
Vereinigung für Zucht und Erhaltung einheimischer und fremdländischer Vögel e.V.,
Geschäftsstelle Bärbel Graul, Bornaische Str. 210, 04279 Leipzig

Internet

www.vogelzucht-lahnau.de
www.sawax.de
www.ziergeflügelzucht.de
www.zebrafinch.com
http://nhdb.nl (Nederlandse Bond van Hoender-, Dwerghoender, Sier en Watervogelhouders)

Hinweis: Der Verlag Eugen Ulmer ist nicht verantwortlich für den Inhalt von Internet-Links.

Bildquellen

Fotos

Friedel Berhardt, Lahnau: Seite 2, 5, 9, 13, 14, 15, 17 (3), 18, 20, 23, 25 (2), 28, 30, 31 (2), 34, 42 (2), 44, 45, 60 (2), 66, 68 (2), 72, 73 (2), 75, 76 (2), 77 (2), 78, 79, 85, 86, 97, 98, 99, 100, 105, 108

Bildagentur Waldhäusl/Arco Digital Images, Siegel: Seite 61

Gerhard Hofmann & Dr. Claudia Mettke-Hofmann, Rottenacker: Titelfoto und Seite 31, 80, 81

Regina Kuhn, Herleshausen: Seite 40, 47, 50, 56, 110

Armin Kühne, Waldheim: Seite 109, 110 (2), 114 (2), 115 (2), 116 (2)

Günter Oppenborn, Gehrden: Seite 64 (2), 69, 70, 93, 96, 101, 103, 104, 107

Cornelia Schauder, Schkopau: Seite 102 (2)

Rolf Nussbaumer, Texas/USA: Titelfoto, Seite 118

Zeichnungen

Sämtliche Zeichnungen fertigte Helmuth Flubacher, Waiblingen, nach Vorlagen der Verfasser.

Register

Haftungsausschluss

Autor und Verlag haben sich um richtige und zuverlässige Angaben bemüht. Fehler können jedoch nicht vollständig ausgeschlossen werden. Eine Garantie für die Richtigkeit der Angaben kann daher nicht gegeben werden. Haftung für Schäden und Unfälle wird aus keinem Rechtsgrund übernommen.

Bibliografische Information der Deutschen Nationalbibliothek
Die Deutsche Nationalbibliothek verzeichnet diese Publikation in der Deutschen Nationalbibliografie; detaillierte bibliografische Daten sind im Internet über http://dnb.d-nb.de abrufbar.

Wollgrasweg 41, 70599 Stuttgart (Hohenheim)
E-Mail: info@ulmer.de
Internet: www.ulmer.de
Umschlaggestaltung: Atelier Reichert, Stuttgart
Lektorat: Dr. Eva-Maria Götz
Herstellung: Linda Kemmler
Reproduktion: TMB-Repro, Remseck
Satz: Typomedia GmbH, Ostfildern
Druck und Bindung: Firmengruppe APPL, aprinta Druck, Wemding
Printed in Germany

ISBN 978-3-8001-7621-2